汉服旅者

顾小思 著

U0349794

沈阳出版发行集团

沈阳出版社

图书在版编目（CIP）数据

汉服旅者 / 顾小思著 . -- 沈阳 : 沈阳出版社，
2019.6
ISBN 978-7-5716-0076-1

Ⅰ . ①汉⋯ Ⅱ . ①顾⋯ Ⅲ . ①汉族 – 民族服饰 – 服饰
文化 – 中国 – 青少年读物 Ⅳ . ① TS941.742.811–49

中国版本图书馆 CIP 数据核字 (2019) 第 095290 号

出版发行：沈阳出版发行集团 | 沈阳出版社
（地址：沈阳市沈河区南翰林路 10 号 邮编：110011）
网　　址：http://www.sycbs.com
印　　刷：武汉市卓源印务有限公司
幅面尺寸：142mm×210mm
印　　张：6.5
字　　数：169 千字
出版时间：2019 年 7 月第 1 版
印刷时间：2019 年 7 月第 1 次印刷
责任编辑：战婷婷
封面设计：树上微出版
版式设计：树上微出版
责任校对：杨　静
责任监印：杨　旭

书　　号：ISBN 978-7-5716-0076-1
定　　价：58.00 元

联系电话：024-24112447
E － mail：sy24112447@163.com

推荐序

我问小思："以后想做什么？"

"成为大师。"

我愣了一下，第一次听到这样的表述。

"哎呀！只是希望而已，现在还太年轻了，慢慢积累吧。"她见我有些疑惑，补充道。

第一次和小思见面是在一个节目的舞台上，她那时就穿着汉服，一袭长裙，与其他人站在一起特别显眼。没接触过汉服的我，便直接上去问了几个现在看起来似乎有点儿无礼的问题，比如除了拍古装戏有什么场合要穿这样繁杂的服饰？不能走上街，在节目里穿着又是为了什么呢？

对于后面一个问题，小思似乎很执着。她当时就和我说了一个旗袍女孩的故事。故事的细节我已经忘记了，大概内容是一个女孩为了推广旗袍连续一年 365 天都穿着旗袍。小思当时就和我说，希望能有这个女孩般的毅力，用这种力量来推广中国的传统汉服。

而后，一年过去了。我对汉服的了解还停留在每次和小思谈话时她对我的谆谆教诲，让我原先疑惑的态度变成了欣赏，但她却真正穿着汉服走遍了世界的无数个角落。光是把这些城市列出来都能引人无限遐想，更别说走进每座城市中每个人的故事里了。对于这样的生活，我是打心底地羡慕。

当然，也不全羡慕。我记得她有一次在日本给我打来电话。

I

从小在南方长大的我，看着视频里的冰天雪地激动不已，但我突然反应过来，小思穿着汉服，估计在雪里快撑不住了吧。零下十几度，还要穿着缥缈的衣裳在雪地里假装若无其事地仰望天空，摄像机一停下就瑟瑟发抖地赶忙披上最厚的羽绒服。为了拍出好照片能有这样的毅力，我想她已经和当年那个"旗袍女孩"不分伯仲了。

总而言之，小思是个说出什么就会很快去践行的人。每次旅行都是说走就走，而不像我，一拖再拖。书也是，明明还在做着其他工作，但出书的步伐却从没有停止。我难以想象西班牙的色彩与芬兰的极光，但有幸在小思的旅行记里面读到，也算是极度愉快的替代品了。看着她写的文字，就能想象那个穿着汉服的女孩，穿行在异国的街头，和陌生人分享着各自的故事。

由此看来，这确是本好书，因为你可以随时合上它，让想象带你一程。

陈锴杰

2019 年 2 月 1 日

前　言

编辑说，你穿汉服穿了这么多年，要不要写写你和汉服的故事？我想着，穿汉服能有什么故事呀，不就是往身上一套再添几根带子吗？要说的应该是穿汉服的时候遇到的那些人的故事。所以我把这本书分成了3个部分。

第一部分是穿着汉服去旅行的故事。这几年，穿着汉服走了三大洲几十个国家。当然，旅行中有好的回忆也有不好的回忆；会遇到些神奇的人，或者，谁都没有遇到，只是一场旅行。我想把一些故事挑出来告诉你们，也许你现在没有勇气穿汉服，但是看过以后，你会鼓起勇气套上你最美的汉服，化一个美美的妆，然后出去告诉那些不支持你的人 —— 对，我就是喜欢汉服。

第二部分是穿着汉服遇到的那些有趣的人。因为共同的喜好，我们这些人聚在了一起。我不喜欢把它叫作一个圈子。我更希望这是一个半圆，另外半边永远敞开着，随时且永远欢迎你的加入。

第三部分是我与汉服的那些第一次。第一次亲手设计一件关于自己的汉服，第一次因为汉服去参加综艺节目，第一次因为汉服而写了一本书，第一次为了宣传汉服而去做一场秀。第一次为了让更多的人知道汉服，与博物馆有了合作。是的，就是这么多的第一次，成就了现在的我。

最后，特别感谢为我写推荐序的好朋友陈锴杰。

献给那些迷茫与焦虑的人

我常会收到私信说:"小思姐,我现在觉得很迷茫。大学快要毕业了,可是我不知道要去哪里实习,也不知道该做些什么,你那么有信念,那你是怎么规划自己的职业生涯的呢?"

嗯,怎么说呢,我说说我的故事吧,其实每个人都会有这么一个阶段的。毕业回国以后,因为文化的差异受到的冲击特别大,再加上国内网络文化的迅速发展,我曾经一度陷入了一个不知道应该做什么的境地。我经常想着这个做着那个,做这个又觉得做那个更好,这样子的时间整整有一整年。一整年,我甚至觉得自己有些抑郁。我经常会把自己关在密不透风、不见光亮的房间里,我不想去面对外面的种种,我觉得逃避是最好的方式,我待在自己的舒适区,待在自己的象牙塔里,非常舒服,我不想出去。直到有一天,我突然觉得自己不能这样下去了,再这样下去,我会在这里腐烂掉;我的人生,我那么辛苦才熬到现在的人生,就要这样消失了吗?我以前看杨绛先生的访谈,她说:"很多年轻人的主要问题在于读书不多而想得太多。"

我想,这是不是就是我当下的现状,做得不多,可想得太多,以至于不知道下一步应该做些什么,以至于觉得自己做什么都不成功,因为我脑子里已经走过了千千万万的路,而现实中却还没有踏出一步。这一年的迷惑期告诉我,当你阅历极其有限、眼界也十分狭隘的时候,你看不了太远,也不可能把未来好多年以后的路都一一想明白想透彻，这是你的年龄带给你的局限，而这个时候想做好眼前事，最好的方法，最实在的方法就是——从身边小事做起，从鸡汤故事，从电视剧里面找到动力跟启发，去开启你的兴趣之门，从你的兴趣做起，去寻找一条应该走的路。

对你的未来最负责任的办法是用你的意志力去打败那个软弱和渴望安逸的自己，然后把当下的事情一件一件做好。这阵子我看《吐槽大会》，这一期的主咖是王力宏。是啊，像王力宏这样的高富帅，有什么可以说的？不记得是谁吐槽的了，他说像王力宏这样家境优越，长得又帅的人，为什么还要这么努力？他明明可以过得很安逸，很舒适，在家里安安稳稳地过日子就可以了，他为什么还要出来打拼？我相信除了天赋和运气，更重要的是勇敢地前进和勇敢地去做。如果此时的你处于这样一个迷茫的阶段，那么，你要做的第一件事就是拉开窗帘、梳洗打扮，出去交朋友，然后去做那些你想做却又不敢做的事。

因为写书，因为上综艺，我开始变得小有名气。有的时候我会收到一些来自媒体的邀约。通常他们都会问以下的问题：你觉得你是一个什么样的人？未来希望自己是什么样子？每每听到这样的问题，我都有点恐慌。

不知道大家有没有发现，现在有些年轻人越来越迷茫了。我们的注意力只关注眼前，对于未来却没有特别明确的方向与规划。我对此深感担忧。大学毕业以来我做过很多工作，也做过很多尝试，好像并没有一直执着于只做一件事。当然我承认，如果你执着于只做一项研究，只做一项对人类未来有贡献且能够教会大家的研究，那是一件很值得敬佩的事情。就像那些博士后，那些教授，他们专攻物理，专攻化学，他们只专攻他们的专业，他们持之以恒地深度钻研，这是很值得被人尊敬的。

前几年看了一个节目叫《国家宝藏》，但我要讲的并不是宝藏，而是那些因为宝藏而被我们所知道的院士、教授，那些一辈子只做一件事情的人。他们的匠人精神和学术精神，不是一般人可以达到的。

如果，非要我来形容我自己的话，那么我会称自己为一位"仍在探索，未曾停止过努力的90后"。是的，不积跬步，无以至千里；不积小流，无以成江海。人生的方向，必然是要花费时间，经过一步步思考和实践，才能悟出才能确立的，哪怕有一天，我很幸运的可以顿悟，那我也需要非常长时间的前期摸索，作为这次顿悟的铺垫。所以，如果这个时候的你也没有人生方向，不要害怕，勇于踏出第一步吧。先去做一件事情，觉得值得的事情，然后看看，接下来该怎么走。

当你老了，回顾一生就会发现：什么时候出国读书，什么时候结婚，其实都是人生的一次抉择，只是当时你站在三岔路口，眼见风云汹涌。你做出抉择的那一日，在你的日记上是相当的沉闷与平凡，当时还以为那只不过是生命中再普通不过的一天。

汉服的标签

　　很多刚接触汉服的朋友会分不清汉服、影楼装、古装、汉元素与中国风服装之间的区别。对汉服尤其是正统汉服的认知是很严谨的，一两句话也是说不清。服装史是比较冷门的分支，断代了两百多年的汉服也是这条线上的一环。我们固然需要复原与研究传统汉服的形态样貌以及使用，更重要的是如何发展它，使其更适合现代生活的需求。微博上经常有一些与汉服相关的"论文"，不必全然相信，可以看看，但经常会发生过了几天打脸的现象。当然，如果你有这方面的兴趣可以看下沈从文先生的《中国古代服饰研究》。

　　我不建议大家初接触一件事物的时候只接触这件事物的本身，更希望大家可以去追根溯源。举个例子，"汉服"是你所想的事物本身，根源则是服饰历史。把历史研究明白了，一些争论也就不复存在了。就像一些穿汉服的会觉得自己是正统服饰，看不上穿旗袍的；穿旗袍的则觉得旗袍是非遗，自己才是正统。其实旗袍确实是历史发展进程中衍生的产物，两个圈子年龄层差别比较大，因此两相看不上，但其实两个不都是服饰历史上的一段吗？都是中华传统文化的一部分，何必相争。

　　有阵子，我在美图社区发照片一度不敢用"汉服"这个词，但凡我用了古风加上汉服，或者国风加上汉服，评论区必然是一片骂战，大多的意思就是汉服不是古风，汉服就是汉服。其实，古风和汉服就是两个词，不知道为什么不可以一起用，这个敏感度也是很有意思了。

　　这个时候我深知"汉服"似乎被标签化了，成为一个不可轻易被使用的词，一个不小心就会引发一场争执。我环游世界的时候穿的并不都是传统汉服，确实一部分是，但一大部分都是改良过的汉元素服装，究其原因还是为了穿着方便，总不能穿着齐胸去游泳，也不可能穿着交领袄裙去爬山呀！

　　这本书的名字叫"汉服旅者"，这个词我斟酌了很久，还是用了，仔细想想，大概还是自己初心的体现吧。"汉服"这个词在我心目中已经不再是被物化的一类衣服了，而是被精神化了，更像是宣传中国传统文化的一个标签，这样想来，就无不妥了。

contents
目　录

穿着汉服去旅行

台湾的街道

疯子拍摄的台湾的海

台湾的夜市与苦瓜茶

台湾垦丁的海

　　"小思呀，我们3月份和疯子齐伟他们一起去台湾旅拍，你去不去呀，有专业带团的哦，最适合你这种懒人了。"电话那头的提提给我抛来一个炸弹消息，"一个人只要三千多哎！"又一个炸弹消息，于是毫不犹豫地，我就和提提敲定了这个行程。

　　疯子是拍汉服非常有名的摄影师，以胶片色尤为出名，加之其人情商比较高，所以那个时候已经收了很多徒弟了，后来我也报了他的摄影班，也成了他的徒弟。

我们这次的行程基本上是绕着台湾走一圈，从台北 —— 垦丁，都会经过。这其实是我第一次和朋友一起出来旅行，还有一些是第一次见面的朋友。杨杨是我们这次的导游，特别擅长找小吃，这次我们跟着她真的是走街串巷，每个犄角旮旯里的小店都被她挖了出来，算是真正饱了一次口福。

而台湾有名的夜市肯定是不会逃过杨杨的手掌心的，夜市是台湾的特色，不管是在台湾偶像剧里，还是综艺节目里面，无数次看到夜市，大肠包小肠，臭豆腐，雪花冰，水果刨冰，这些词无数次地冲刷着我们的头脑，所以来到夜市的第一件事就是"吃吃吃"，不管是什么，一路从街头吃到街尾。

你以为这样就结束了吗？当然没有，我们这次旅行共 10 天，这 10 天，我们天天都在夜市吃。也是神奇，不管你在台湾哪个地方落脚，都能找到夜市。

台湾垦丁的街道

最令人难忘的是夜市的苦瓜茶。苦瓜茶是苦瓜汁加蜂蜜混合出来的饮料，一般一起卖的还有冬瓜茶。我们每天吃小吃很上火，因此每天我都会来一杯苦瓜茶，就这样 10 天下来，极易上火的我居然在疲劳加上每天不规律的饮食下，一切安好，不仅没有上火，也没有便秘。

台湾夜市的苦瓜茶

第一天找到苦瓜茶的时候，卖苦瓜茶的那个大姐非常热情地招呼我们去坐，然后问我是不是设计师，身上的衣服怎么这么有个性。也是第一次有人这么问我，我自然很愿意和她介绍汉服。"那你们这次是来参加什么活动吗？我看你们有好几个人都穿的这个衣服。"

"我们是来旅拍的，那几个朋友是从日本赶过来的，也是兴趣爱好啦。"

"做自己喜欢的事可真好啊，我再送你几杯啊，你带给他们喝，我很羡慕你们这样坚持做自己的个性嘞，以前上大学的时候我也是学设计的嘞，后来家里没有钱了，就回来看摊子嘞。"我看到大姐说的时候眼里还放着光，可能她年轻的时候真的是有梦想的吧，不过现实抹杀了这些梦想。

此刻我觉得能够做自己喜欢的事是一件多么愉快的事情啊，不仅可以做到不负青春，还可以五湖四海地交朋友。

韩国南怡岛的友情与浪漫

　　"小思，你今年来首尔的话，我们回南怡岛拍雪吧，上次熙熙来都没有好好拍照。""好啊，那我多带几套汉服啊，下雪的话，拍红色比较好看吧，我带几套红色吧。""好呀，那我们还可以穿着汉服去逛景福宫嘞。"此时我和贝贝打着跨国电话，商量着冬天去首尔的行程。

　　贝贝是和我关系很好的朋友，刚回国的时候做过两次韩国代购，因此认识了她，之后我每次去韩国都会住在她家。贝贝

去南怡岛的路上

长得非常漂亮，之前在韩国是做旅游节目主持人的，我一直笑称她是韩国的 angelababy，后来因为工作原因她被调回了中国，她不在韩国以后我也很少去了。

贝贝是因着我的影响而开始对汉服感兴趣的。因为在韩国留学，她的打扮已经非常的韩范了，难得她对国风还是很喜欢的，去年和国风圈非常有名的摄影师陈润熙去韩国采风，她就带我们去南怡岛拍雪景了，但是上次没有好好打扮一番，这次一定要多拍一些，值回票价。

说到南怡岛，你不一定知道，但是提到在南怡岛拍过的韩剧，那可真是太有名了，比如《冬季恋歌》，那两排水杉树与雪景衬着裴勇俊的脸庞，迷死了多少少女；又比如这两年大火的《来自星星的你》，也有在南怡岛雪地里的拍摄场景。

可惜我的身体不争气，到韩国第一天因为暖气太热了（对，毕竟苏浙沪没有暖气），然后就开始了长达一个礼拜的重感冒，全程都戴着口罩。

南怡岛坐落在首尔往春川方向 63 公里处，整个南怡岛都没有电线杆，这个岛的电线全部铺于地下，因此整个原始风光没有被破坏，可以说这是韩国人为自己铺设的一个乌托邦岛屿，他们把南怡岛称为"南怡岛共和国"，就如同任何一个独立的国家一样，南怡岛共和国有自己的国旗、国歌、货币和护照，只有申请成为南怡国国民以后才有资格申请护照，成为国民以后，可以将护照作为南怡岛的自由参观券使用。

比较不巧的是，这次来南怡岛，并没有下雪，比起上一次遇到的白皑皑的雪地和纯净的树林，这次看到的更多的是初冬的萧瑟和凉意。对于雪，我们是期待的，但其实更期待的是故地重游的友情升温吧。

南怡岛上有很多野生动物

现在的通信越来越发达，不像我小学的时候还会给以前的同学写信，或者煲电话粥，现在只要有网络，视频电话是很方便的，但越是这样，越是会遗忘那些藏在通信录里的友谊。在我写这篇文章的时候，我和贝贝已经一年没有见面了，她回国以后，虽然离得近了，但没有了之前一年两次的相约，仿佛缺少了那种仪式感，友情慢慢淡化了。

这次来南怡岛我主要是当摄影师，更多的是为我的好朋友拍摄，我很高兴，她会因我的带动而喜欢汉服，喜欢国风。她回国以后，在老家开办了汉服社团，也开始学习古琴，真正成了一个传统文化的传播者。

去年和熙熙来的时候，他去南大门订制了一些韩国传统面料，还找了几家韩服店订制了几套韩服。韩服现在依旧是韩国

美貌的贝贝

承认的、在他们的传统节日会穿的正统服饰，所以在韩国一些区域（他们也有类似于中国的非物质文化遗产的传承人），会有很多手作店和韩服订制店，这次跟着熙熙参观购买的时候，学到了很多关于传统汉服与韩服之间的相同点与不同点的知识。

熙熙约了一个朋友一起喝茶，韩国茶馆的茶都

努力拍照创作的两个人

是一碗碗的端上来的。这位朋友也是位传统文化爱好者，现在在韩国的一家传统纸灯笼店里学习，想把韩国制作灯笼的技术与中国的技术相结合，制作出更惊艳的灯笼。

这就是作为一位传统文化爱好者的好处，不管在世界任何一个地方，你都有机会通过网络、论坛、微信等各种方式，认识到和你有一样爱好的人，因为这个爱好，你们有机会交流、见面甚至相互学习。汉服是一种载体，使我们更容易看到对方。

日本北海道汉服视频教学之旅

前几天接到春来发来的一条信息："小思，1 月份你有空吗？我们 1 月份有一次北海道视频教学之旅，有时间的话，来做模特儿啊。"

我大致估了下时间觉得可行就一口应承了下来。韩国去了十几次，日本倒是第一次去。总是错过去日本旅行：春天的时候想去东京看樱花，夏天想去奈良的公园看小鹿，秋天想去京都看红枫，冬天想去北海道看飘雪、泡温泉，这次终于可以实现愿望了。我无数次地说自己是一个不善于策划行程，每一次旅行都是被动的人，这两年居然走了这么多地方，我也是很惊讶的。

我们这次北海道的行程是按照岩井俊二的《情书》的路线

大阪机场拍摄花絮

11

隔着窗子拍的北海道的路边

策划的，小婉是我们的旅行策划师，她做旅行策划已经 10 年了，这次旅行路线是她和春来全程负责的。这里偷偷夸一下她，全程非常完美。

这次行程一共 10 天，前 3 天在小樽，对，就是《情书》里的那个小樽，一个特别有意思的地方。我有一个习惯，每每到一个国家就会给我的一个好友寄一封明信片。第二天有一个上午的小樽自由行时间，我觉得如果我不出去找邮局的话，估计这次就来不及寄了，所以泡了一杯咖啡我就戴着帽子出门找邮局了。小樽的早上清澈地让人有一时的恍惚，我看了下手机，早上 9 点，大多数商铺都还没有开门，街道上有铲雪车把雪铲到两侧，这样的话中间可以开出一条道路，保证了驾车的安全，两侧的雪已经厚到快及我的腰部了，我看了下谷歌地图，邮局在火车站附近，看了看还要走半个小时，我加快了脚步，毕竟现在是连打哈欠都起雾的温度啊。

　　我是一个很讨厌冬天的人，出国留学的时候，妈妈问我去加拿大还是去澳大利亚，我毫不犹豫地选了澳大利亚，因为那里的冬天都有零上十几度，回国以后在北京待了很久，北方有暖气，也不用经常出门，所以也是安安稳稳地度过了好长时间的寒冬。小樽早晨的空气真的是说不出的冷冽又清新，太阳出来了，整个色调都暖了起来，天空是一如既往地清澈，这种暖色和冷色的交融，让我想到了一句话：小日子，可能美好的小日子就是这样的吧。

　　可能是路痴综合征犯了，在地图标的点上来来回回绕了3圈也没找到那个邮局。这个时候我已经绕到了火车站的后方，这边是一片小商铺，有家美容所已经开了，那个阿姨看起来40岁上下，穿着毛衣和毛裤，估计是住在店里，看到我一脸茫然，很热情地打开了门，问了我一句，我其实也没听懂，估计是问我在找什么。其实日本人的英文并没有很好，我们在大阪机场解决行李问题的时候，不管我和机场人员说什么，他们都听不懂，

小樽火车站　　　　　　　　　　　　　小樽清晨的路边

13

还不如春来用的有道翻译 app 来得快。于是没抱太大希望地问了一句："Hi，do you know where is the post office?"出乎意料的是，她居然听懂了"post office"，然后很热情地直接跑出了门，连外套都没有披，小跑着拉我去邮局，我看着她的侧脸在低温下被冻得红扑扑的，但脸上洋溢的兴奋让我有点懵，直到我站在邮局前面，她挥手离开时，我都没反应过来她为什么这么兴奋。相对于大都市的冷漠，小镇里的人总是这么淳朴热情。买邮票得要现金，只带了卡的我最后还是没寄成。

小樽一路往上开便到了登别，这次到登别的目的是去登别伊达时代村，这是一座再现江户时代风貌的主题公园，有点类

上图：山顶的风已经大到无法站直了

右图：北海道的居酒屋，在夜色下显得格外温馨

似于我们国内的影视城，整个公园都是仿古设计。江户时代是日本封建统治的最后一个时期，也是日本史上绝无仅有的和平执政时期，形成了它的文化特色和传奇色彩，衍生了许多流传至今的民俗文化，比如歌舞伎、浮世绘等，主题公园把忍者表演、花魁秀、武士秀一一展现出来。

过来的一路上越来越冷，到登别的时候飘起了小雪。因为温度实在很低，模特儿穿汉服肯定是比不上穿羽绒服保暖的，为了拍摄场景好看，下雪也是不能打伞的，所以两天下来另一位模特儿"月饼"已经发烧了，我也感到了身体的不适。教大家一个我自己的方法，如果在旅行途中觉得自己要感冒了，这个时候要不停地告诉自己：不能感冒，不能感冒，不能感冒，回到酒店第一件事就是洗热水澡，然后喝两大杯热水，这样身体会非常不科学地暂停感冒（这招我百试百灵）。

登别伊达时代村里建筑的风格是非常古老的，走在街上的时代村管理员们穿的都是江户时期的衣服，男的女的都是，走

登别伊达时代村街景

雪花以肉眼可见的速度落下　　　　　　雪景下的伊达时代村的日本桥

在其中确实非常有穿越感。雪花以肉眼可见的速度开始下落，越来越大。刚开始的时候我们还忍着寒冷在雪里拍了几张，后来我已经看不清路了，相机也开始对不上焦了（因为雪花密度太大了），我们只能找个屋檐先避一下。本以为雪一会儿就会变小，没想到10分钟以后，完全没有变缓的迹象。公园广播开始播报因为暴雪原因希望旅客尽早出公园，我们也要在晚上6点前到达地狱谷的酒店，所以悻悻地出了公园。经过那天我感受到，雪从来不是那么温顺的，浪漫的雪景只有你依偎在火炉边，望向窗外的时候才存在吧。当天气极冷雪下得非常密实的时候，脸就成了靶子，雪一片一片地擦到你的脸上，刮得生疼；而过了一会儿，当脸上仅存的一点儿温度将雪融化时，就感受到了那股湿冷；而那股湿冷会顺着脸颊和衣服，渗到你的血液里。虽然在伊达一共就待了半个小时，但是大家都被冻麻了，没了知觉。

当我们在车上各自擦拭时，外面已经看不清路了，车子甚至有些抖，我有些惴惴不安地问司机："师傅，你还看得清吗？要不我们先停一会儿，等雪小一点儿再继续走吧。"

"不用,我们已经习惯了,等下送完你们,我还要开会去的。"师傅非常肯定地回答道。

我转脸看向窗外的大雪,真的不知道他是怎么看清的路,可能在极恶劣环境里生存下来的人,都有着常人不曾有的能力吧。

登别地狱谷温泉在登别非常有名,之所以称为地狱谷是因为这是一个火山遗迹口,常年弥漫着从灰黄色岩石表面向外喷出的火山气体,周围空气中都充满了浓烈的硫黄味,看起来像一幅地狱的景象。碍于天气的原因,我们并没有去到那里,晚上我们住在了距离它不远的登别温泉镇。

虽然没有泡到天然温泉,但酒店里也有自制的温泉,此时饥寒交迫的我们最需要的就是吃一顿饭、泡一个汤,登别度假酒店也没有让我们失望,自助餐也是诚意满满。

作为苹果手机桌面的美瑛清池

这次北海道之旅真的是非常冷，这是我第一次来日本，除了寒冷以外结识了一些热爱汉服的小伙伴。真的很冷很冷啊，大家去北海道旅游的话一定要多带一些暖宝宝哦。

认真学习剪视频的大家

扮成女装大佬的摄像老师

澳洲，回归之旅

悉尼街头

经常有这么一种感觉，在一个城市待得越久越是不了解它，尤其是地标 —— 那些游客最常去的地方，生活得越久越是会淡忘它的美。我在悉尼生活、求学、成长，第一次独立在这里，第一次恋爱在这里，第一次打工也在这里，生活在这里总觉得有大把的时间，因此也没有真正好好地在澳洲游玩过。

已经回国两三年了，我妈和我合计着再回澳洲旅游一次，算是故地重游吧，这次打算不仅在悉尼玩一圈，连带着周边的布里斯班都走一圈，当我策划行程的时候我觉得我好像都不太认识这个城市。（对，我居然策划行程了，毕竟和老人家出门，策划行程这种事还是要年轻人做的）。

这次，我把之前没机会做的事都尝试了一遍，比如穿着汉服坐直升机，穿着汉服坐热气球，穿着汉服走在悉尼的街头。

我们在悉尼有差不多 3 天的时间，在大堡礁和布里斯班各 3 天。先说下我这次带的汉服，我这次旅行很明显是走路偏多，那么一定要带便于行走的衣服，齐胸肯定也要带改良一体的，不然走着走着掉了可就太尴尬了，所以这次我挑选的都是一些比较方便行走的改良汉服。

这次回悉尼最高兴的事是见了一些高中大学时的同学，已经很多年没有见面了。

Yunki 是土生土长的上海女孩，她是我初高中时最好的朋友，现在的她找了一个澳洲的男朋友，基本已经定居在澳洲了，和她约在情人港见面，我们在这里共同度过了 8 个生日。见到 Yunki 的时候，她已经没了高中时的满身活力，整个人有些沉闷，我询问她这几年过得怎么样，她说就是大学以后找了个公司实习，为了留在澳洲拿永久居住权一直在上夜校修移民分。"其实我很羡慕你在国内做自己喜欢的事，自媒体好玩吗？澳洲真的太无聊了，我觉得我已经无欲无求了，平时也不怎么出门。"其实 Yunki 过的就是大多数想要留在海外的留学生在过的生活，移民局的政策每一年都在变化，为了赶上移民的车，只能不停地修移民分，我有认识的姐姐在澳洲待了 10 年都没有修够移民分。

"那你为什么要待在这里呢？回上海发展不会更好吗？"

"我也没有办法啊，待了这么多年，不拿一个身份回家，

也太丢人了呀！澳洲节奏这么慢,回国也跟不上节奏呀！"Yunki
抬头看着情人港的摩天轮无奈道。

　　Yunki 说的就是现在海外学子都要面对的难题。现在中国
的发展日新月异，发展速度更是迅猛，以往每一年回国都觉
得家乡变化非常大，回国的时候也一度觉得自己跟不上国内的
节奏。像我们这样不是上哈佛耶鲁这种名校的，在国内也没有
什么竞争力。在国外待了很多年，最后没有拿到身份的话，亲
戚也会有闲话，这些我完全都理解，只是这样没有真正为自己
活一回。我很庆幸毕业以后立即选择了回国，不然可能也会和
Yunki 一样深陷泥潭而不知自己喜欢做什么，也什么都做不了。

　　当天我还见了我另一位朋友，A 君。A 君幸运多了。他
是另一类留学生，有自己的技能，自己赚钱供自己上学（注
意不是赚生活费哦，是赚所有的费用哦），当然可以赚到那
么多钱的，必然不会是普通人。A 君当年可是非常有名的电
脑高手，2010 年的时候在世界排行榜上排到了前十，因此他
赚到了人生的第一桶金，而后开创了自己的网站，自己编写
机器人代码，创立了自己的软件公司，大学毕业以前就当起
了 CEO，自己做老板，现在公司已经颇有规模，在最繁华的
CBD 地段有自己的办公室了。

　　我问 A 君后面有什么打算，他说正准备回国开设公司，
他觉得这几年国内的变化特别大，对他而言是有市场可做的，
悉尼是比较适合养老的城市，他打算以后年纪大一些就回来
度假。

　　你问 A 君有没有拿到永居权？当然了，对于 A 君这种每走
一步都靠自己的人，大学刚毕业就拿到了永居，但他并不打算
换国籍，他说他很爱国，未来的时间还想多待在中国发展。A
君并不是事事都像看上去这么完美，他也有弱点，那就是他的

大堡礁的热气球

女朋友 R，这个时候得说是前女友了。R 是 A 君高中时期就在一起的女朋友，也是我的好朋友，苏州女孩，长得非常纤细秀气，说话也是温温柔柔，让人如沐春风。R 在高中的时候就是她们班里的班花，据说 A 君为了追到她，大冬天在她家门口送了一个月的保温瓶灌爱心粥，最终终于打动了女神。R 陪着 A 君度过了非常艰难的时光，把自己所有的学费和生活费拿出来支持 A 君创业，最终 A 君也没有辜负她，创业成功了，也没有像陈世美那样，而是更加一心一意地对待 R。但结局却让人唏嘘不已，最终 R 选择了分手，原因是她觉得 A 君现在不再需要自己的照顾和支持了，她终于可以去做自己喜欢的事了，她毅然放弃了之前在学的经济，跑到法国去学艺术了，这是她一直想做的事情。

大堡礁的直升机

　　每每提到 R，A 君就有些哽咽，现在他们依旧保持着联系，只是 A 君希望自己可以一辈子做 R 的哥哥，直到她遇到她的真命天子。

　　"别说这么难过的事了，法国现在几点，我们给 R 打个视频电话吧，我也想她了。"见气氛开始有点儿掉下来，我立马换了个话题。

　　5 分钟以后我们接通了 R 的视频通话，此时她正在教室里做着今年的毕设，整个人身上都是挡不住的疲倦："小思，我好想你们呀，这学校真的疯掉了，只有 3 个礼拜准备毕设，我已经有 30 个小时没有睡觉了。"

　　"你要注意休息，身体第一啊，有什么不会的发给我，我帮你做，最近公司比较闲。"我还没来得及开口，A 君就抢着回答道。我转头看了他一眼，只见他满眼都是心疼与关怀。

"R，你怎么不睡觉都这么好看啊，你们这次主题是什么呀！"

"东方文化啊！对了，小思，你不是穿汉服吗，你快给我些建议，我真的头都大了！"只见 R 努力地抬起她手里的木质画板。

"我给你寄一套汉服吧，你穿穿看可能就有灵感了。艺术来源于实践嘛！"我也不知道可以给些什么建议，这是我能想到最便捷的方式了。

"好啊，好啊，那麻烦你啦。我一会儿发地址给你呀。"那一头的 R 兴奋异常。

"我每次看到你穿着汉服走世界就好羡慕啊，等我收到以后一定要穿着汉服去巴黎市中心逛一圈，哈哈哈。"

听到这里我也非常高兴，如果我穿汉服的行为可以影响到我周边的朋友都开始喜欢汉服，喜欢国风，那我也为推广传统文化、推行国风做了一些贡献，真得非常高兴！

聊了一会儿，大家才挂了电话，我见 A 有些恋恋不舍，恐怕这一生，R 都是他胸口上那颗朱砂痣吧。

留学生在海外有着千百种的人生，只愿我们的一生都可以无愧于自己，有机会可以真正地做一回自己。我送了一件汉服元素的裙子给 Yunki，我知道她很喜欢，但她不敢穿出门，哪怕她偷偷在自己房间里穿上一回，也算是做了自己喜欢的事了。不是谁都有 R 的勇气，能把自己推出舒适圈，真正地做自己。

在悉尼见了老友以后，我就和妈妈踏上了去大堡礁与黄金海岸的行程。在大堡礁，我第一次尝试穿汉服坐直升机，穿汉服坐热气球，其实当你把汉服当成一件平常衣服的时候，除了会收获几句"very nice dress"以外，没有什么不同的。

　　这次的澳洲回归之旅，我见到了多年的好朋友，也体验了一些第一次，可能我们每个人的选择都受着太多外界因素的影响，但让我们努力开始尝试吧，只有选择了你最喜欢的生活方式，才会打心底里笑出声。

悉尼圣玛丽大教堂

圣托里尼的意大利裁缝

圣托里尼的蓝顶教堂

　　圣托里尼 —— 希腊的一个小岛，它有一个非常浪漫的名字叫爱情岛，因为它坐落在爱琴海上。而大家提到圣岛的时候，都会想到它独特的蓝顶白墙拱形的房子。圣岛不仅有它独特的建筑群，还有那面朝太平洋，一望无际，自由的天空和岛屿。这次来圣岛不仅是来度假的，而是为了圆年少时的梦。小时候看一部中韩合拍的电视剧《情定爱琴海》。这个戏在当时非常红，还红了一个词叫"柏拉图式的恋爱"，从此奠定了希腊在我心目中浪漫的地位。这是一个发生在爱琴海上，在圣岛相遇的浪漫的爱情故事，虽然结局不太完美，但是那个叫圣岛的地方却一直埋在了心底。

圣托里尼的公路

　　这次是从法国转机过来的，到圣岛已经是半夜了。因为是在 Airbnb（爱彼迎，一家民宿订购网站）上面订的民宿，旅馆主人非常好，半夜都来接机。酒店地址在伊亚小镇，伊亚小镇是圣岛上游客最多的地方，也是相对比较贵的地方；伊亚小镇的酒店，很多都是面朝大海的，多为岩洞式设计，颜色非常简单——白色的，蓝色的，再加上红色的三角梅点缀。

圣托里尼海水的颜色如绿宝石一般

圣岛的自来水是不可以直接饮用的，它是由海水直接导进来的。洗澡的时候还能闻到那股海洋的味道，甚至洗完头发吹干的时候，还能看到头发上的盐粒，可能是和海靠得太近了，整个房间里都会弥漫着一股海水的腥味。好好地休息了一晚，第二天早上起床的时候才5点钟，天已经大亮了，我换了一套白色的汉服，想要在岛上走走逛逛。从酒店出来，我看到了很多非常大的仙人掌，和厦门植物园的仙人掌不同，这种仙人掌是野生的，有些还结果了。它们的果实是黄色的，浑身也都长满了刺。我饶有兴致地观察了一会儿，这个时候我注意到一位爷爷正拿着小刀削这仙人掌的果实，把果实外层的刺层层削掉，然后把果肉装到了旁边的盆子里。这让我非常惊奇，难道这个果实可以吃吗？我还从没有见过仙人掌的果实呢，更加不要说是可以吃的仙人掌的果实。我好奇地走过去，试图和他对话，才发现语言不通。我点点他盆子里的果实，他递了一个给我，并示意让我尝尝看。我不好意思地吃了一口，果实入口香甜多汁，口感甚好。这算是我非常喜欢的口感了，真是奇妙，我居然在凌晨5点的圣岛，爱上了仙人掌的果实。临走的时候爷爷指了一下我的衣服，然后竖了下大拇指，接着就拿着满盆的果实回家了。对了，这片仙人掌群是长在他家附近的，可能是他种的，大概这就是爷爷为家人准备的早餐吧。

圣托里尼巨大的仙人掌群

仙人掌果实　　　　　　穿汉服的背影

　　早上五六点的圣岛非常舒适，太阳没有完全升起，温度也非常宜人。我沿着路边走了一圈后，太阳升起来了。知道暴晒是什么感觉吗？来圣岛就对了，圣岛的太阳就是暴晒。其实我知道海岛国家会热，所以涂了很多层防晒霜，但没想到会这么热。可能亚洲人实在太怕晒了，这里的紫外线明显已经到达了我没有办法抵挡的强度。于是我果断地回到酒店，等日落，接下来的一整天，我都窝在酒店的大厅里看《花千骨》。就这样熬到了下午5点，我看了下太阳已经不那么晒了，就寻思着去悬崖边上看日落。我准备去找那个有名的"断崖日落"，突然有一个35岁左右的老外过来和我打招呼。他问我："你身上穿的是汉服吗？"他的长相看起来像是意大利人——鼻梁特别挺直，轮廓也比较明显。此时的我除了惊讶，已经不知道应该说什么了。我从来没有想过，在圣岛上，会有一个意大利人认出我身上穿的是汉服。

圣岛的悬崖日落

　　"是的，这是汉服。可你怎么会知道呢？在中国，也不是所有人都知道的。"于是，他介绍了他自己，他是来自意大利的西服设计师，但他不想只做传统意义上的意大利西服，他想做些有意思的衣服。而且他喜欢东方文化，所以他去到了日本、韩国和中国。他觉得我裙子的款式看起来有点儿像中国的衣服，他也不是很确定，所以来问我。他还问我："你穿的是婚纱吗？今天是你的婚礼吗？""你怎么会这么认为呢？""因为很多中国人来这里拍婚纱照啊，刚刚在路边就看到了很多对。日本文化里，他们结婚穿白色。不知道中国是不是也是这样？""哈哈，不是啦，中国人现在结婚大多数是穿西式的婚纱，那是白色的。但传统意义上的中国婚礼穿的都是大红色。"接下来他问我，"这个衣服明明很好看啊，怎么我去中国的时候，在街上没看到有人穿呢？"我想了想回答道："因为这个衣服也要在传统节日才会穿呢，而且只是一部分喜欢的人才会穿。不过现在穿汉服的人已经越来越多了，你下次去中国的时候也许就能看到了。"

伊亚小镇的酒店

　　这是一次很奇妙的相遇。我邀请他为我在夕阳下的圣岛拍了一些照片。我也留了他的联系方式和地址，回国以后我要寄一套汉服和旗袍给他，对了，他叫 Jonny。

　　圣岛的夕照非常震撼，如果你一辈子只能看一次日落的话，我建议你一定不要错过圣岛的日落。整个日落时间非常短，大概只有不到 20 分钟，你可以看到前所未见、无比硕大的太阳，而这个叫作太阳的大火球，正以肉眼可见的速度下降，慢慢落到对面的海平面以下，是的，在圣岛，海平面是非常清晰可见的。

太阳刚刚落下时的光与色彩

在这里，阳光最温柔的时刻——太阳还没有完全升起和太阳快要落下的时候，其余的时间，圣岛的紫外线指数可能会高达五六十，很可能会被晒伤哦，所以，一定要做好防晒。

< 夕阳下的地中海建筑

圣岛人的生活节奏是非常慢的，一天也做不了很多事情。在这里你可以买到很多的手工制品，有些就是海边捡的贝壳跟石头黏在一起做成的纪念品，根本就不起眼儿，甚至有些丑，可那却有着最原始的手工的味道。

太阳还未升起时的圣岛

圣岛的海洋与岛屿

圣岛的三角梅

芬兰的极光与圣诞

　　罗马神话里有位曙光女神，她可以带来从黑暗到黎明的第一道曙光。她的名字叫 Aurora，这个词也就是北极光的意思。有人说北极光是女神的眼泪，传说中所有看到北极光的人都会得到幸福。带着这样的向往，我们来到了芬兰，那个传说中最有可能看到北极光的地方。

芬兰的极光

芬兰，有麋鹿，有北极光，有雪地列车。芬兰确实是冬天最值得去的地方，可是我们是夏天来的，不过这并不影响芬兰的美丽，我也有幸地看到了北极光，虽然时间很短，也只是在列车上匆匆一瞥，但我确定，我真的看到了。

芬兰路边随处可见的麋鹿

其实极光是一年四季都有的，芬兰地区会出现极昼跟极夜两种现象，极夜的时候，因为没有太阳光，极光会比较清晰可见；而极昼的时候，因为日落的时间非常短，而且阳光一直存在，所以可以看到极光的概率微乎其微。而我看到的极光，也只是在列车上时那惊艳一瞬。

芬兰的极光与汉服

欧洲有很多列车是可以夜宿的。比如说，你从维也纳去布拉格，6个小时，你可以订夜晚的车，这样你在火车上睡一个晚上，第二天早上你就到布拉格了，特别适合商务出差。根据价格的不同分为六人间、四人间、双人间和单人间，你不知道哪一站会有人上来，也不知道你旁边睡的是男生还是女生，更加不会知道下一站上来的是哪个国家的人。

这样的旅行很奇妙，却又让人充满期待。也许，下一秒你会邂逅一个浑身都是故事的人，你可以跟他畅聊到天亮。可惜，一整个晚上提心吊胆，生怕睡着，却一个人都没走进我的房间。但也因为没有睡着，我看到了窗外漆黑夜里，那抹绿幽幽的短暂的光，那是极光。他们都说，能够看到极光的人是极其幸运的，我想，我就是那个幸运儿吧。

罗瓦涅米的小木屋

北欧人非常喜欢圣诞节，尤其是芬兰人。在芬兰街道上，我看到了很多卖圣诞物品的小店，即使现在并没有到圣诞节。从上层到下层，起码有600多平方米，全都铺满了跟圣诞节有关的小物品。神奇的是，当你拿着这些小物品仔细观察的时候，发现它们居然都是芬兰制造。这样一个人口密度并不大的国家，有这么多手工艺人来制作这些小物品，可见需求量是多么的大，芬兰人对圣诞节的期待值有多高。

芬兰市区每周六、周日，在一个固定的地点会有跳蚤集市，当地的人会出来摆摊儿卖自己家里的二手物品。当然，这也是他们在致敬环保。我是一个很喜欢逛复古集市的人，这样的盛会怎么会错过呢？于是我兴冲冲地提了一些现金跑来复古集市，希望能寻到一些有趣又便宜的小物。芬兰的复古集市很大，大多数会卖一些二手的衣服以及一些家用小物品。其实我很少在复古集市买衣服，但是这次，我淘了快30多件衣服。第一是因为价格便宜，保存完好；第二是因为他们卖的服装大多数是芬兰自有品牌。这是一个相当爱用国货的国家。他们的自有品牌质量也是相当好，有的保存了40多年，依旧新的像刚从生产线上拿下来的，而那些有着时代痕迹的款式仍然保有着它独特的味道。

当然，来这些复古集市上卖二手货的人并不是为了补贴家用，这只是他们的一种生活习惯而已。有一位老奶奶，我刚刚花了10欧在她的摊子上买了两套衣服，她收了钱之后就收摊儿了，然后开着一辆敞篷的奔驰回家吃饭去了。这点儿欧元连她的油费都不够吧，但是她却很高兴可以为她的衣服，当然是她年轻时候的衣服找到一个好归宿。

芬兰市中心随处可见的圣诞物品店

跳蚤集市

　　芬兰的罗瓦涅米以北8公里，市郊边缘处的北极圈上有一个圣诞老人村——闻名世界的圣诞老人村。在这里，你可以跨越北极圈；在这里，你也可以看到你小时候听的故事里的圣诞老人。偷偷告诉你，圣诞老人可是会很多国家的语言呢。这里还有一个全世界唯一被承认的圣诞老人邮局，你可以在这里给自己的小伙伴写明信片，并且盖上这个世界上唯一仅有的邮戳。当你的小伙伴收到的时候，你可以告诉他，这是圣诞老人的来信哦。

圣诞老人村

买证书找圣诞老人签字

在这里可以跨越北极圈

罗瓦涅米的树林

冰岛——最原始的美

　　冰岛，一个冰与火的代名词，可能是我去过最美的地方，和其他地方秀气的美不同，冰岛的美是雄伟的，是来自大自然的馈赠，是最原始的美。

冰岛的公路

冰岛的碎冰湖

冰岛机场的夕阳

　　去冰岛机场是没有直达的飞机
的，需要去哥本哈根转机，因此我们
需要在机场待上6个小时，这6个小
时是十分漫长的，因为这个时候的北
欧处于极昼，也就是几乎没有黑夜，
如果不看时间的话，你根本不知道是
几点，再加上时差，整个人的生物钟
处于非常紊乱的状况，生理上是比较
痛苦的。

　　冰岛路边的山里有很多小房子，
他们说是造给精灵住的，冰岛人相信
有精灵，他们中有一些长者是通精灵
语的，他们相信要改变冰岛的任何一

冰岛的浮冰与天空

个地方，都需要和精灵交流，要先获得他们的同意，精灵会保佑他们。我特别欣赏他们这种敬畏的态度。这种敬畏，不是为了钱、名利，而是对大自然的尊重，对他们生活的这片土地的热爱；这种敬畏，是可爱的，也是可敬的。

冰岛有很多巨大的瀑布。你站在瀑布下面的时候，人，只有很小的一点儿，这个时候好像你所烦恼的一切的事情都没有那么重要了。当你回归自然的时候，一切都是那么舒适，好像本该就是这样，好像一直以来都是这样。生活在都市里，我们想要的太多太多了，而这个太多，如果没有一个尽头的话，那会是欲望的深渊。

我们终于看到了我心心念念的飞机残骸。那是美国海军飞机 D3 燃料用尽坠毁在冰岛南部黑沙滩深处的残骸。幸运的是，所有的乘客都幸存了下来，仿佛得到了神明的眷顾；但飞机的残骸却永远地留在了这里，就像是把时间固定在了那个时候。然而要找到飞机残骸可不容易，不可以开车，完全要靠双脚走路，从入口到飞机残骸处，在并不平坦的黑石子路上，你需要走整整两个小时。路程很艰难，但这也是一种修行的过程。

沿途我看到了很多房车，有些欧洲人从下飞机开始，一路沿着冰岛自驾游。房车开到哪里，就在哪里住一夜，只要车上的粮食足够，他们就可以玩得很尽兴，不需要什么电子设备，只需要与自然为伴。虽然我前面说了这个时候是极昼，但在冰岛，天还是会稍稍黑一下的，大概 2 到 3 个小时吧。所以也会有日落，而且日落的时间非常长，可能会长达 2 到 3 个小时。

冰岛瀑布下的我

在别处，那金色的绚烂往往只有一瞬；而在冰岛，这金色的绚烂可以伴随你很长时间，就像冰岛人一样 —— 慢慢地，慢慢地，做自己。

黑沙滩旁的石子路

DC-3 in ISLAND

冰岛的飞机残骸

冰岛黑沙滩

冰岛随处
可见的彩虹

>

冰岛维克
玄武岩六棱柱

雷克雅未克的街道

巴厘岛的信仰

巴厘岛的街道

　　Bali，巴厘岛。这几年因为一些明星的婚礼，它成了大众眼中的蜜月圣地。很多机构都推出了浪漫巴厘岛几日游的套餐，包含婚礼、住宿、结婚照，于是乎巴厘岛成为很多小资人群结婚的首选。我为什么会来巴厘岛呢？因为有一天穷游网突然推送了一条信息给我——巴厘岛来回年终特价机酒，2399起。我一看这个价格，突然觉得是时候应该出去旅行了。于是约上了刚好有时间的朋友，买了张机票，定了下时间，就这样，说走就走了。

巴厘岛的教堂里每天都有很多新人在拍结婚照

巴厘岛的鸡蛋花

是的，直到我们到达巴厘岛的那天，我们都不知道第二天要去哪里，也不知道巴厘岛有哪些景点，在这个时候，我真的要感谢淘宝网的便捷了。我们到达巴厘岛的时候，已经是中国时间凌晨两点了。当我的朋友问我明天要去哪里时，我懒洋洋地躺在床上，点开了淘宝，想看一下有没有一日游的行程。还真被我找到了，有很多套餐推荐，只需要网上付款，第二天早上就有司机来接。我发现中国在巴厘岛的服务体系已经非常完善了，对于华人来说，即使言语不通，依然可以在这边玩得很好。于是我点了两个套餐，其实原本并不抱希望会有人在线，但真的有人在线，并且10分钟之内就给了我第二天接车师傅的电话，速度之快，真的是令人咂舌，给中国的服务点个赞。在巴厘岛一周的时间，我们都在使用各种一日游的包车行程。我还要告诉大家，原来在巴厘岛也可以用美团哦，一些出名的 spa 馆以及一些出名的餐馆都可以用美团购买，并且还可以用支付宝哦，非常神奇了。

巴厘岛的小佛塔

光与影

这次在巴厘岛刚好遇上了巴厘岛的火山喷发，以至于我在微博上发在巴厘岛旅行的照片的时候，每天都有很多人私信我，问情况如何，因为他们约了后面几天的旅行。这是我旅行微博上互动最多的一次，可能一天要回一百多条私信，而且都是不认识的人。而我需要告诉他们，"不要怕，还好，没有大家在新闻上看到的那么可怕。一切都还井然有序，游客基本上受不到什么影响"。不过后来，我跟司机聊天的时候才知道，因为巴厘岛的人口少，火山喷发的时候，他们整个公司的车队，还有别的公司的车队都去帮助火山附近的村民转移，所以人员伤亡比较少。我问他："你们是义务去救助的吗？"他回答说："当然了。很多人3点多就不接单了，去帮助他们搬离火山口。"他们的行为令我非常敬佩，这种有秩序的自发行为是为了救助，而不是为了个人利益，由此也可以看出巴厘

岛人的信仰。整个巴厘岛差不多都是信佛教的，但是佛教又分了很多派。因此，如果你开车在巴厘岛的街道上，你会看到很多不同的佛像，很多你都不认识，但是这些佛像使得他们心中存在那样的善念——无私地去救助他人。受他们的影响，即使每天要回一百多条私信，我也不觉得烦了，毕竟可以帮助到其他人，使他们不那么担心。

穿着汉服走在巴厘岛的街头

旅行的最后一天，我跟我朋友决定穿着汉服去巴厘岛的街上走走，不租车了，靠双腿去感受一下当地的风情。女生逛街肯定是要拍照的，所以我们尽量找一些比较贴近巴厘岛风情特色的地方去拍照。这个时候，我们路过一户人家门口，看到里面有一个小的佛塔建筑。其实在巴厘岛，很多人家家里面都有小的佛塔建筑，这是他们用来祭拜的。当然是可以拍照的，不过你要先经过主人家的允许。原本我们只是在门口拍拍，并不敢进去。这家主人看到以后，热情地邀请我们进去拍照，还帮我们把地方清理干净，甚至把他孩子的玩具挪开，还把他女儿抱给我们一起拍照。我看到这户人家有很多小孩，最大的女儿已经在读书了，主人家的手上还抱着两个比较小的。我见他这么热情，就塞了一些小费给他，其实也没有多少钱，大概人民币也就十块吧。我觉得这是当地的规矩，用人家的地方当然要给小费，毕竟这边是有给服务费的习惯。没想到他却表示很吃惊，并坚持不收，而我坚持要给，这样拉锯了一会儿，最终他还是收了，并且表示非常感谢，然后又跑到小佛塔那儿拜了一拜，仿佛这笔意外之财是上天的眷顾。

我和主人家的大女儿　　　　主人家的大女儿与她喜欢的一角

主人家的建筑整体都非常有当地特色

　　这让我觉得非常有趣。信仰要根深蒂固到什么样的程度，才可以让人觉得所有的努力都是靠眷顾的呢，不过可能这个答案只有巴厘岛人才知道吧。岛民淳朴热情，除了海滩不是很干净，海鲜不是很好吃以外，巴厘岛已经开发得非常完全了，非常适合新手出国旅游，费用不高，而且服务周到。

巴厘岛的街头

巴厘岛的鸡蛋花随处可见

荷兰——郁金香的狂热粉丝

最早接触荷兰是因为转机去希腊的时候在阿姆斯特丹机场逗留了 3 个小时，对他们机场的印象就是干净（算是欧洲机场里非常干净的了），环保。他们有一款手机充电器，是电单车的模样，你需要一边原地脚踏车，一边给手机充电，这可真是太有意思了，对于我这种懒宅一族，真的是非常好的减肥驱动力了。

后来在飞机上看了一部电影《狂热郁金香》，我不得不承认是女主美得不行的侧颜（海报）吸引我打开了这部电影（一般来说我一上飞机都是睡觉的，因为下了飞机要面对的事还挺多的）。就剧情而言，是一部标准地带着玛丽苏言情风的电影，不外乎是年轻美貌的女子因为贫穷嫁给了一个可以给她富足生活的商人，后来爱上了一位年轻帅气又有才华的画师，但最终没有在一起。

这部电影带出一个术语：郁金香效应 —— 这是世界上最早的泡沫经济事件了，当时从土耳其引进的郁金香球根异常地吸引人，大众开始疯狂抢购，导致价格疯狂飙升，在泡沫化以后，价格仅剩下泡沫时期的百分之一，让荷兰的各大都市都陷入了混乱，经济也陷入崩溃。

说这个话题只是为了说明荷兰人有多么喜爱郁金香，他们对郁金香的狂热如同粉丝追着偶像的狂热一般。我们去的时候正是 4 月份，郁金香的旺季，阿姆斯特丹街道的每个花盆里都种植了各种各样的郁金香，当然也包括了机场以及火车站。那种绚丽的色彩和硕大的花朵，像极了恋人的美貌，这正是荷兰人为它痴迷的原因吧。

荷兰路边的花坛里随处可见的郁金香

阿姆斯特丹的街道两旁处处都有郁金香

这次来阿姆斯特丹是和俊平（微博@俊平大魔王）录制一个他们投资的护肤品牌的真人秀。我们主要的目的是为了来荷兰的化妆品原料展会上寻找适合做去黑头产品的原料。因为我习惯出行穿汉服，他们也有特别要求我这次录制一定要穿汉服，一个是为了弘扬传统文化，另一个是为了使真人秀更有看点。

下了飞机一到酒店我就换了一套非常实穿的宋风改良的褙子套装，然后赶去会场和俊平他们会面，原来以为去到场馆里肯定会有人注意到我，然而并没有，大家也没有觉得奇怪，也没有要求和我合影，甚至连看都没有多看我几眼……是的，似乎汉服吸引人眼球的时光已经过去了，或者是我这套衣服不够显眼吧！不管是什么原因，为了防止穿帮，连续两天的拍摄我都穿了这套衣服，事前准备好的台词和那一大箱子衣服并没有用上……

真人秀的录制现场

节目正片截图

录制结束后，俊平他们匆匆赶去巴黎开会，留下我和 B 君碰头，接下来的行程会和 B 君一起出发。简单介绍一下 B 君，B 君是中科院的博士后，被外派来法科院做物理研究，具体方向不方便透露，反正是为人类科学做贡献的。

B 君被外派来欧洲已经一年多了，对于欧洲的整体物价也已经心中有数。最有意思的是，他们生活在法国，但是因为德国的肉便宜（德国超市的肉价大概只有法国的一半），他们会相约每周坐火车去德国买肉，然后再扛回法国，这种购物方式听起来都很有意思了。

B 君和我相约去看一年一度的郁金香花展，这确实是千载难逢的机会。原本每年的 4 月份我都告诉自己，应该出去旅游了，但我一直都是一个不会做旅行计划的人，每次都是被动地拖着前行，所以这次公费来工作，顺便游玩一下真的是特别高兴。参观了这次的郁金香花展，后来我有特意设计一款郁金香花纹的面料，用来做裙子和衬衣都非常漂亮。

这次参观花展我找了一条裙腰上绣着铃兰花儿图案的鹅黄齐腰儒裙，整体比较清新，为的也是方便行走。花展在郊外的一个大农场里，也就是著名的库肯霍夫公园——每年只开放不到两个月的时间。世界上最美的十大骑行之路就在这个公园外围，我相信，骑行在这条路上的人每次呼吸的时候，都会闻到浓郁又清新的花香。机场就有直达巴士，买张连票就包含了来回车票以及花展门票了，从阿姆斯特丹机场出发的话，大概40分钟可以到达。

库肯霍夫公园的一角

郁金香花展分为3个区域，场馆内的区域都是以插花、花朵艺术装置为主（以郁金香为主题的活动布置以及婚礼布置）；外场一部分是各色各样、不同品种的郁金香，另一部分是室外布置，室外布置不同于室内，更偏向公园风光，以家庭亲子为主题。室外也确实更适合亲子的互动与玩耍。

库肯霍夫公园的室外　　　　　　室内的郁金香花艺展示

　　全程我依旧没有受到任何的瞩目，这与我前几年行走在欧洲街头时非常的不同，当时还经常被邀约合影呢。那是一个阳光充足，非常惬意的下午。阳光照在各色郁金香的花瓣上，从内散发出的淡淡香气让人平静，我大概是永远不会忘记这个下午了，那个光线柔和的下午，我烦躁了半年的心得到了片刻的宁静。

　　太阳快要落下的天空、熙熙攘攘的各色人群、匆匆来去的电车与单车、停泊着各种船只的河道、高高低低飞翔的海鸥、三四层低矮的砖瓦老房子，还有灰扑扑的老教堂，这些，就是走出中央火车站后，阿姆斯特丹给我的第一印象。城里有很多条运河，纵横交错，有宽有窄；河道两旁有各色的房子；岸边停泊着各种大小游艇，有好多海鸥在低飞觅食。当船只经过时，有些桥是可以开启的（有的是向半空吊起，有的是向两边移），更加为这个城市点缀色彩的，就是路边花坛里随处可见的郁金香了。

阿姆斯特丹有名的水边屋子

　　整个荷兰行遇到比较有意思的一件事是为我们录像的摄影师是从巴黎请来的，我是先和他们团队会合，再去和俊平他们整组人会合。他特意为我在荷兰街头拍了一组写真（在欧洲每次拍摄都要单算价格的，这样的一次拍摄其实要三百多欧的），他并没有收取费用，原因是他老婆是中国人，也很喜欢汉服，我承诺回国以后寄一套给他老婆，希望他老婆在巴黎时装周的时候可以穿着我设计的汉服走上街头，这也算是满足我一个小小的心愿啦。在异国遇到同样喜欢汉服的同胞其实是很容易拉近彼此之间的距离的，就像女生聊八卦一样，自然而然地，你们就会坐到一起，交流彼此的心得体会。这个时候，汉服绝不仅仅是一件衣服，更像是一个穿在身上的兴趣爱好，你在告诉别人自己喜欢什么，这是一种多么神奇的交流方式啊，或许性格内向却又在异国他乡的你可以因此找到不少志同道合的好友呢。

阿姆斯特丹的街头教堂

阿姆斯特丹中央火车站的黄昏与红砖墙

阿姆斯特丹的河道与黄昏

法国博物馆里的"母亲"

今天是我来法国的第 10 天，也是我第 5 次来法国了。这次在欧洲多待了半个月，最喜欢的就是法国。可能是因为它见证了城市的繁华与落寞，还有艺术家们的梦，就像北京一样，就像上海一样，就像希腊一样，就像很多很多有故事的地方一样。

我喜欢这里的建筑，喜欢在街头随便找一家咖啡店，点个拿铁坐一个下午，看着鸽子在街头飞来飞去，可能还会来抢你的面包片。

今天的行程是去奥赛美术馆，我知道奥赛美术馆有莫奈的《睡莲》，凡·高的《自画像》。其实我从小就喜欢画画，但实在是没有什么艺术天分，又爱偷懒，所以一直也没学好，但骨子里又觉得自己非常的文艺，每到一个城市总是先去它的博物馆，可能是因为我觉得博物馆就是这个城市的精华所在，是历史的呈现，是它的代表作，或者可以说是它的一张名片。

前几天去了吉维尼小镇看了莫奈的那一池睡莲以及他定制的绿色的"日本桥"，这样的场景再次出现在他当时的画里，我只能感慨很多人终其一生也达不到莫奈眼里色彩的高度。

这个时候突然旁边有一位女士和我打招呼，着实吓了我一跳。

"我可以拍一张你的照片吗？"她习惯性地推了一下眼镜，轻声说道。

这已经是我第 10 天穿汉服行走在巴黎的多个角落了，还没有遇到过关注的目光,这是第一次有人这么跟我说。"当然可以,不过为什么你想拍我呢?"

"我的儿子是一位服装设计师,他最近快毕业了,正在准备他的毕业作品,他每天都感到非常焦虑,他思考的东西太多了,想表达的也太多了,我觉得这样下去他无法完成一件好的毕业作品。我不知道我能为他做什么,我每天都到博物馆来,我想看一下喜欢逛博物馆喜欢看画的人一般都会穿什么样的衣服,我想为他寻找一些灵感。"她的脸上满是真挚。"你穿得非常漂亮,我非常喜欢衣服上的图案,你是从哪里来的呢?"

"我从中国来,我也是一名服装设计师,不知道你儿子是在哪里读书呢?"

"他在圣马丁,今年是他最后一个学期,快毕业了,所以在准备毕业作品。"她的脸上泛起些许骄傲。

"哦,圣马丁那个是非常好的学校,我大学的时候也想上的,可惜作品集没有达标,所以就没有去成。"

"是的,他考圣马丁的时候非常努力,我们全家都不支持他搞艺术,可是他喜欢,我们也没有办法。"诚然,这个母亲嘴上说着"不愿意""没办法",但是从她的言语和表情,我看到的是满满的骄傲。

这件事似乎颠覆了我对外国父母的认知,在我们的传统观念里都觉得西方的教育是:父母对孩子的成长都是放任自由、不管不问的,他们从18岁起就要为自己的人生负责,这与中国不同。但是今天这位法国母亲的行为却改变了我以往的想法。父母就是父母,他们用不同的方式永远支持着你,不分种族,不论阶级。

"你喜欢我衣服上的花纹吗?你为什么喜欢呢,你是喜欢这个样式还是配色还是绣花呢?"我很迫切地想知道吸引她的点到底在哪里？

"我不知道，就是很迷人。我刚刚经过的时候一下就被你吸引住了，尽管你穿的颜色是黑黑的白白的，但是站在那边就是很有气质，很难形容，说不上来。""就像我们站在印象派画的前面，我们说不上来它哪里好看，甚至它不符合我们的主流审美，但就是很吸引人，很有魅力。"她一脸坦然地夸赞我。

"这是我们的传统服饰，我们家的汉服，这件是我自己设计的，这衣服上的花儿是我自己画出来，然后再刺绣到衣服上的。"见她喜欢，我饶有兴致地开始介绍自己的设计。"噢，对了，如果你不介意可以给我看看你儿子的设计吗？"

"当然可以啊！"就这样，我们饶有兴致地聊了将近一个小时，之后她留下了我的邮箱，我们现在依然保持联系，对了，她叫 Iris。我记住了她，因为她是在法国第一个对我的穿着感兴趣的人，也是她颠覆了我对西方父母的认知。

我与 Iris 在交谈

莫奈的吉维尼小镇

吉维尼小镇的街道都极具特色

4月的法国天亮得已经比较早了。那天早上，我们从巴黎出发去吉维尼小镇克劳德·莫奈的故居。出巴黎城大约6点多，天色已经渐亮了。我们需要坐地铁到法国中央火车站然后再转城际列车去到吉维尼小镇。我看着郊外的景色，泛起阵阵困意，漫不经心地想着：莫奈肯定个性非常强，估计也是喜欢亲近大自然，要不然他不会逃离巴黎来到这样偏僻的乡村。

吉维尼小镇是法国西海岸诺曼底地区极有特色的乡村，

从中央火车站到吉维尼大约 1 个小时的样子，从村口进到莫奈故居也就几百米。下了车，大队人马急急忙忙地朝前走，我们倒是不紧不慢，想好好看看周边的景色。4 月份的法国，春天已经完全展现了她的魅力，百合已经开得非常好了，还有一些不知名的蓝色、紫色、黄色、白色的小花儿，似乎可以明白为什么莫奈的画里会有这么多的颜色和生机了，大概就是这个原生态、远离尘嚣的村庄给他带来的灵感吧。莫奈是幸运的，他 43 岁迁居到这个地方，住了 40 多年，在他过世后的百年时间里，这里还保留着原貌，原住居民的房子没有一户被拆迁。

一路走来不用询问也不用找路标，最多人排队的地方就是莫奈的故居了。怪不得大部队要赶着往前走呢，看到前面长龙般的队伍，突然有点儿后悔为什么不走快一些。幸好人群移动的速度很快，等了 40 多分钟就排到了门口。走进莫奈故居，我突然明白为什么他不愿意离开这里了，恐怕他是把整个世界各个品种的花儿都搬进了他的后花园。粉红色的墙面却配着翠绿的门窗，墙上爬满了绿色的植物；整个院子并没有刻意的规划，与江南的园林不同，也见不到一个花盆，整片的花草就种在他的院子后方。据说莫奈很喜欢日本的浮世绘，也很喜欢日本文化，所以定了一座"日本桥"放在了自己的庭院里。这次非常幸运，日本桥上的紫藤开花了，每年也只有这个时期的紫藤最为美丽。湖上漂着还未开放的睡莲，满园小景正是莫奈的画作。

莫奈的日本桥　　　　　　　莫奈的花园

　　我有想过画家为什么要避世，就像毛姆的《月亮与六便士》里面的主人公一样：为了画画，抛弃原本人人羡慕的和睦家庭，抛弃自己的妻子，抛弃了自己的两个孩子，只身来到巴黎，住着最破旧的旅馆，过着最潦倒的生活，仿佛这样就能激发自己最强大的绘画灵感。

　　我有一个画家朋友，他是国内钢笔画的一代翘楚了，认识他是在一次节目录制的时候，得知他住在北京，后来我在北京工作的时候有特地上门拜访过。他住在北京的宋家庄，也是比较偏远了，一个个小小的画室寄托着他们的一个个北漂梦。

　　欧阳，也就是这位画家，是位90后，毕业以后孤身一人怀揣着北漂梦，带着几百块钱就来北京了。住的是地下室，每天坐在画桌前面，一画就是一整天。现在也是一样的，除了被邀请参加活动，欧阳几乎不参加什么社交活动，每天就是在画桌前画画。画画是一件很辛苦的事，除了少数极有天赋和运气的人，大多数都是凭借着苦练出来的肌肉记忆在维持生计。

"满地都是六便士，可他却抬头看见了月亮。"

欧阳是幸运的，他靠着绘画、靠着努力和天赋成名，其实并不是每个画家都有生前名的，大多数都是靠他们内心的那分执拗坚持画画，像是斯特里克兰德，像是凡·高。

"Live by the bible or live in the spirit."

"世界上只有少数人能够最终达到自己的理想。我们的生活很单纯、很简朴。我们并不野心勃勃，如果我们也有骄傲的话，那是因为想到通过双手获得的劳动成果时的骄傲。我们对别人既不嫉妒，也不怀恨。唉，我亲爱的先生，有人认为劳动的幸福是句空话，对我说来可不是这样。我深深感到这句话的重要意义。我是个很幸福的人。"——《月亮与六便士》

巴黎街头的浪漫与文艺

数不清这是第几次来巴黎了，每次来欧洲，都会来巴黎逛一圈，时间可能长可能短，但巴黎一定是必到的地方。伍迪艾伦《午夜巴黎》开头的长镜头就非常喜欢，可以说百看不厌，说不清这种情愫来源于建筑街道还是人文艺术，也可能两者都有。

得知这次可以在巴黎待好多天，我计划着把箱子里还没有穿的汉服全都穿一遍，也打算把巴黎之前没有到过的景点都去一次；若是时间允许的话，到过的景点也可以再去一次。毕竟，单是一个卢浮宫就值得逛两三天了。塞纳河上有很多座桥：圣母院、双碑桥、新桥、艺术桥、亚历山大桥，还有一些其他的叫不出名字的。我认识它们，它们未必认识我，而我也叫不全他们的名字，仅仅是觉得脸熟。在这些桥中，说到欣赏最美夕阳的地方，首选亚历山大桥。亚历山大桥是所有桥里面最为豪华的一座，识别度最高，天生长着一张明星脸，于是也获得了"世界最美大桥"的美称。全长有107米，桥身仅有一个拱洞，当时作为俄法友谊的象征，这座桥以奠基人沙皇尼古拉二世的父亲 —— 亚历山大三世的名字命名。

桥的两侧各有一个巨大的石柱，石柱上是镀铜骑士群雕像；桥身是一群水生动植物图案与一组花环图案；做工精致的金属路灯在夕阳下熠熠生辉，生来就是网红打卡必到之处。其实在巴黎，如果你愿意参观的话，任何一所小房子都可以是景点。当然，你也可以什么地方都不去，只是沿着塞纳河漫步，享受晨光暮霭，塞纳河水的无限缱绻；又或是找一家路边的咖啡店，随便点上一杯咖啡，看着人来人往，看着来自各地的游客，就这样晒着暖暖的阳光，虚度这一天，也是极好的。

当然，自媒体人是不可能真的在那边坐上一整天的，因为有太多的地方想分享给大家了，这次去了莎士比亚的书店，就是《Before Sunset》中男主新书讨论会的现场。

书店里面是不允许拍照的。空间很狭小，木质的楼梯，走的时候总会发出吱吱的响声，要特别小心，因为害怕打扰到其他看书的人。有一些书架上的书已经是发黄的旧书了，从这里可以买到很多绝版书，但法文版也是看不懂的，便打消了买书的念头。

三度游玩了巴黎圣母院的外围，每次都因为一些原因没能进去里面，也是给我留下了一个念想 —— 我还得去巴黎，毕竟圣母院里面还没去呢。像是留着巧克力蛋糕的最后一口，迟迟不肯轻易吃完，细细品味它的美，真是比一口吃完更让人喜悦。

等到下午 4 点多的时候，太阳已经开始慢慢落下，塞纳河两边的摊位也开始收摊儿。我其实一直很好奇，这么几个小时的一个下午，他们真的可以赚到钱吗；又或许其实他们只是想找个地方虚度时间。除了餐饮业，巴黎的很多商店在 5 点的时候就已经关掉了，这就是他们日常且在别人眼里慵懒的一天 —— 早上 10 点开门，中午休息 2 个小时，下午 4 点关门了。

塞纳河很长，夕照的时间却只有那黄金 10 分钟，急急忙忙地往回赶，生怕错过了那缕光芒。很幸运的是，被我们赶上了。此刻的亚力山大桥上已经有很多新人在拍婚纱照了，一对一对的，占据着亚历山大桥最好的位置。我在旁边找了一个角落，打算拍两张纪念照。刚拍不到两张，走过来一群法国姑娘，看到我的穿着先是很惊奇，随后便竖起了大拇指，大喊着"beautiful"，然后围在一起叽叽咕咕说了几句法语，接下来就很热情地过来搂住了我，要跟我合影。这里人突如其来的热情确实让我有些招架不住，因为实在是意料之外啊。但我也不想显得过于尴尬，快速地拍了几张之后，她们一人亲了我一口就摆摆手，继续去逛街了。

　　巴黎就是这样一个随处都会有浪漫相遇的地方，或许生活中真正的浪漫都是这样意外而来的，而不是玫瑰蜡烛堆砌出来的光晕。

　　我的朋友让我去巴黎的药房为她买一些止痛片。在药房排队的时候，排在我左边的是一位特别绅士的老人。他看着我笑，和我打招呼，口音是标准的英式英语，戴着礼帽，穿着小西服，鞋子擦得油亮。可能是队伍确实很长，他开始尝试和我聊天。他和我说，他到过中国两年，交过一个中国的女朋友，他特别喜欢亚洲女性，有过日本的女朋友，也有过韩国的女朋友。

我脸上笑着迎合，心里暗想，这位老者莫不是有集邮的爱好，有可能的话，亚洲各国的邮票怕是都能集上了。当然，他也不是个普通人，他是法国一个非常有名的家族的后代，在巴黎郊区有城堡和庄园的那种。

　　在法国，每个年纪都有时尚爱美的权利。街道上你随处可以看到一些优雅的老太太，穿着高跟鞋，抹着口红，穿着非常整齐的套装；还有一些戴着礼帽，穿着外套，挂着拐杖的老爷爷，手上永远会拿着一叠报纸或者是几本书。我觉得那是他们的体面，或者说是他们对自己的尊重，而这分体面与尊重是绝对不会随着年龄的增长而改变的。

巴黎铁塔　　　　　　　　凯旋门

法国人天性浪漫，又文艺自主，他们为自己而活。我觉得他们是幸福的，是自由的，他们的灵魂是平等的。

　　就像简·爱一样，她是一个追求灵魂平等的穷困潦倒的家庭女教师，她爱上了一位上层人物，但并没有因此而自卑，她会对他说："你以为我贫寒卑微，相貌平平，个子矮小，就没有灵魂就没有心肠了吗？你想错了，现在的我的心灵在同你的心灵谈话，我们是平等的。"是的，在大多数欧洲人的心目中，灵魂是没有高低贵贱之分的。

西班牙的热情与色彩

在我的印象中，西班牙当然不止海鲜烩饭，西班牙还意味着热情、奔放，一个包容度很高的国家。也许世界上没有哪座城市能像西班牙的巴塞罗那，因一名天才建筑师而闻名于世，高迪一生大部分时间都在巴塞罗那创作，他在这里留下了私人住宅、学校、居民楼、公园以及大教堂等多种风格的建筑作品。在巴塞罗那，你很难说清楚究竟是一座城成就了一个人，还是一个人成就了一座城。

西班牙街头

巴塞罗那是加泰罗尼亚的首府，城市中不乏其他知名建筑师的杰作，如由蒙塔内尔设计的加泰罗尼亚音乐宫，同样被联合国教科文组织列为世界文化遗产。不过关于建筑方面的荣誉，高迪的光芒无疑让巴塞罗那其他的建筑师都成了陪衬，仅高迪一人设计的建筑就有 7 处被列为世界文化遗产，因此高迪成了巴塞罗那的城市标志。

这次有特地为西班牙设计衣服，都是很热烈的颜色，极致的大红，热情的橘色，带着高迪色彩的孔雀蓝，把这几个颜色排列组合，就成了我心目中西班牙的色系。而我总觉得橘色和蓝色很是眼熟，这个色彩关系不是我们敦煌的特色嘛，于是在元素上，我选择了敦煌的团花。

西班牙广场

西班牙的光影　　　　　　　　　西班牙街头

　　除了巴特罗公寓以外，其他几个高迪的设计建筑都在维修中，非常出名的圣家族大教堂，它的外部常年处于维修的状态，教堂两边的那几架起重机从来就没有消失过。可即使是这样，还是让我对高迪的天分敬佩不已。先来说说圣家族大教堂吧。其实我去过的教堂并不少，梵蒂冈也是去过的，可是，圣家族大教堂还是着实令我惊叹了一次。天哪，什么样的奇思妙想，可以把这些复杂的建筑形态和色彩结合得这么好。圣家族大教堂有一面彩色玻璃墙，当阳光透过彩色玻璃直射到教堂内部的时候，即使你不信基督，都会有一种上帝要亲自降临的感觉。仿佛那是圣光，会一直伴随着你；又仿佛每个被照射过的人，都会得到上帝的祝福，当然这种感受并不是来自解说。有些景点是你看了没什么感觉，但是经过导游的解说，你会觉得"啊，原来这么有意思"。可是圣家族大教堂不一样，你不问导游、不查任何的资料，仅仅是看，对，就用肉眼去看，你都一定会被它震撼。高迪说："曲线属于上帝，直线属于人。"这似乎是他在宗教观中存在的一种普世价值。而我却认为：直线属于人类，而曲线属于高迪。

圣家族大教堂

圣家族大教堂内部的光影

圣家族大教堂内部的彩色玻璃

圣家族大教堂内部的雕塑结构

<　
圣家族大教
堂外部的雕塑

＞
圣家族大教
堂外部的整体构
造

至于巴特罗公寓，更加是童话中的房子。它以圣乔治和恶龙的故事为背景，屋顶以及正立面是波状鳞片釉彩瓷砖，有如恶龙的背部，因此使得刺在龙颈上的十字架格外耀眼。而屋子的外围则是以受难者的骨头为窗饰，增加了神秘的色彩。屋内流线的柚木作为家具的扶手，线条虽然简洁，但却透着一股高级感。巴特罗公寓与高迪其他的建筑并不一样，它的外墙全部是由蓝色跟绿色的陶瓷装饰的，是一种非常奇特的颜色组合，远远看过去，像是印象派画家的调色盘。达利说过，"这片外墙就像是一片宁静的湖水"。巴特罗之家，当然不仅仅是一座造型奇特的公寓，当你进入的时候，工作人员会发给每个人一个观光仪器，带屏幕的那种。当你举起那个屏幕的时候，你会看到海底生物在公寓里面游走。如果你有机会来西班牙巴塞罗那的话，一定不要错过巴特罗公寓。

巴特罗公寓

巴特罗公寓的天台　　　　　　　柚木装饰

　　夜晚的西班牙广场也是格外的热闹。每天晚上在西班牙广场，7点到8点，会有两个小时的喷泉表演。刚开始的时候，我对它是没有什么兴趣的，不就是一个喷泉表演吗？平时在国内看得可多了。但是友人不停地推荐，甚至在6点的时候就拉我出去占位置，当时我是很不情愿的。6点的西班牙广场已经坐满了大批的游客，他们已经占据了最有利的位置，甚至带了啤酒等待观看喷泉表演。这时候天还没有黑，两侧还有很多跳舞卖艺的街头艺人，他们仿佛是这个喷泉表演的前奏，在以热情的舞蹈开场，成功地带动了整个广场的气氛。当夜幕渐渐降临的时候，喷泉表演开始了，刚开始的时候还很缓慢，水柱伴随着音乐慢慢地流动，于是我开始了我的吐槽："这个到底有什么好热闹的？这么点儿喷泉也值得这么大呼小叫吗？老外真的是看的好东西太少了。"嗯，是的，不用担心，一会儿我就要被"打脸"了。其实这个喷泉表演应该叫作音乐喷泉表演，水柱会随着音乐的节奏改变它的大小以及色彩关系。而当天，当音乐达到最高潮的时候，我能听到整个广场的人都在欢呼，虽然我不知道他们在欢呼什么，但是我也被这热情所感染，不由自主地欢呼起来，即使我也不知道我在欢呼什么。这可能就是西班牙人民的热情，当你处于这个地方的时候，你会不自觉地被感染。可能这不是我见过最美的喷泉，但这却是最有感染力、最热情的喷泉表演。

西班牙广场的音乐喷泉

夜晚的西班牙加泰罗尼亚国家艺术博物馆

凌晨4点的西班牙广场

加泰罗尼亚国家艺
术博物馆内部

奥地利的奇妙相遇

奥地利的秋

　　奥地利，一个我去过一次又去了一次的国家。就欧洲而言，奥地利确实是一个非常干净的国家了，仅次于北欧，它的色彩也是清新的。奥地利人生活得很简单，简单到他们的地铁只有一条线，你敢相信吗？一个国家的地铁只有一条线。他们永远也不怕坐过站，因为坐过站，你只需要去对面坐回去就好了；他们永远也不用怕坐错站，因为他们只有一条线。这就是他们简单的生活。

奥地利美景宫

提到奥地利，你会想到什么？莫扎特、音乐之都、茜茜公主、蓝色多瑙河，还是古斯塔夫克林姆的《吻》呢？于我第一次在奥地利只待了两天，我可能会觉得奥地利只有维也纳。然而这次待了10天，环游奥地利一圈以后，我发现：在奥地利，还会有很多奇妙的相遇。

夕阳下的蓝色多瑙河

以前我总觉得生活像一条射线，我们都从原点出发，之后义无反顾地笔直向前。在这样的前进中，有人来了，又走了，就像是一个交点，就这样相交而过，然后便销声匿迹，连尘埃都不会留下。我认识了越来越多的，这样，只有几面之缘的陌生人。每次认识一个人，我们就交换彼此的故事，我们就将自己生命中小小的一片碎片挂到了别人的生命树上，也小心翼翼地收下了他们生命中的碎片。于是，每个故事都没有开头，也没有结尾。我只是这样前进着，搜集着越来越多的碎片，直到生命的终点。顺便在途中，与无数的线相交而过。

奥地利的街道两旁有很多彩色的房子

　　和我一起去奥地利的姐姐，因为一些私人原因非常地忙碌，我们没有办法一起好好度过一段旅程。因为时差的关系，这几天我每天早上5点多就醒了，可是醒了又不知道应该干什么。我看姐姐还在睡，便裹了件大衣，打算去河的对面买麦当劳。萨尔茨堡，奥地利第二大城市，在这里我养成了每天早上起来散步的好习惯。要知道，现在可是冬天呢。在国内，我可是一到冬天能不出门就一定窝在家里的人。我在手机里点了一首大提琴曲，一边听着一边走，一边看着萨尔茨堡附近的风景，呼吸着新鲜的空气，倒也是美滋滋的。到麦当劳买完早饭以后，我发现我点了两杯咖啡，这是没有办法拿回去吃了，因为还要拿汉堡。是的，这边是没有咖啡托盘的，只能用两只手拿。所以，我打算在麦当劳吃完早饭再走。才刚吃了一口，突然有人和我打招呼。"Hello，我可以坐你对面吗？"我抬头看了下，是华人。当然乐意地点点头，正愁没人说话呢。既然有缘坐到一桌吃饭，我当然也就不扭捏地跟他聊了起来。他叫 Darren，新加坡华人，建筑设计师，此时正在度过自己漫长的年假。他年假的计划是从克罗地亚一路自驾开车环游奥地利。我饶有兴致地看着他的旅行表，以及他计划行程所用的 app。大家都知道，我是一个不习惯计划行程的人，每天都可能不知道自己下一站要去哪里。看到这么严谨的计划表，我着实有些吃惊，又有些敬佩。问了才知道，今天是他在萨尔茨堡的最后一天，明天他就要前往因斯布鲁克。因为聊得还算投缘，而我也苦于没有车，于是试探性地问他，介不介意今天带我在萨尔茨堡市内转转，他倒是满口应允。

萨尔茨堡山顶上的色彩

　　于是就这样，我搭上了一个刚认识不到 10 分钟的人的车。因为他在萨尔茨堡已经待了两三天，又是个摄影爱好者，所以他知道萨尔茨堡哪些山是最漂亮的。就这样，我在萨尔茨堡的这天，登了 3 座山。看遍了萨尔茨堡山顶的风光，也感受到萨尔茨堡最特别的，秋色。Darren 大我很多岁，虽然他看起来并不像。在这样一个异国他乡的地方，有一个人特别礼貌地照顾你，其实是很容易被感动的。这样一次短暂的相遇，在那样的秋色下，在那样的异国他乡，就像偶像剧一样，我们短暂地相爱了。后来他邀请我陪伴他游玩整个奥地利的时候，我也欣然应允。其实我们都知道，这次旅行结束我们就会各奔东西，这段恋情不会有结果。但是，为什么一定要有结果呢？人生如果有奇妙的相遇，那请一定珍惜它，这或许是命运给予你的礼物。当他出现的时候，微笑着跟他说，"你好"。而当他要离开的时候，微笑着跟他说，"再见"。

　　我相信，这是最理性，也是最感性的处理方式。经过了几年的磨炼，我开始学着做自己情绪的主人。我需要越来越会安抚自己的情绪，对重要的人懂得了在乎，在需要在乎的时候不任性；对不相关的人可以不在乎。当遇到流言蜚语的时候，可以迅速地保持自己得体的姿态，而不去计较。这是这两年自媒体教会我的事。当然，感谢 Darren，为我在奥地利留下了很多漂亮的照片。

哈尔施塔特——并非世界的寂静之地

因着这次旅行路上的奇遇，我决定跟着 Darren 开车环游奥地利一圈，于是便来到了哈尔施塔特镇，因为有影视演员在这边的教堂结婚，这个不是很有名的小镇在微博上了热搜。来之前知道这个小镇是美的，但是没想到会这么美，这儿真的是人间仙境。远远地看到红色的黄色的树叶隐在一片雾气里，当开车接近的时候才发现雾气是淡淡的水汽，这个时候的我们，就是真真的在仙境里了。进到镇里之前有一条长长的幽暗的山体隧道，当你的眼睛在黑暗中待了几分钟，你便适应了幽暗的光线，临近出山洞的时候，光线射向双眼，我感受到了什么叫作豁然开朗，这个时候我脑子里只蹦出一个词儿"世外桃源"，如果这个世界上真的有陶渊明所描写的"桃花源"，我想应该就是这般模样吧，只要你抬头就可以看到山体周围环绕着整片整片的云朵。

Hallstatt 小镇

哈尔施塔特镇的地标注

  Darren 是旅行风光摄影爱好者，一到镇里就立马带着他的相机去拍风景了，我在 Hallstatt 可以看到红顶教堂的河边找了一块草地坐着，看着平静如同水彩画的山与水，耳机里播放着马友友的《Bach》，这是我紧张的时候最喜欢的大提琴曲子了，这个时候我才发现，原来当你到了一个生活平静如水的小镇的时候，你会做的第一件事是：思考。说是思考，其实更多的是自我审视，像这片湖水审视着这片山峦一般审视自己。这一年以来，工作上的毫无进展，情感上的挫败，是不是都是因为自我管理的方式出现了问题呢？这样的小镇可真是好，不需要面对朋友圈里那些数不清的群，也不需要面对微博上的网络暴力，只需要真实地面对内心，面对你心里真正喜欢的东西。这个时候我问我自己："你喜欢'汉服'吗？还是仅仅因为它为你带来了名利呢？如果一直这样毫无进展，你还要坚持吗？"直到整首曲子播完，我都没有得出一个结论，也许这样的审视自己，并不是为了得到结果，而恰恰是给自己重新面对问题的机会。至于问题，既然是问题，那就随遇而安吧，谁又不是被命运的长流推动着前行呢？

　　人类与其他生物的区别之一是我们会思考。而现在，有些人为了刺激多巴胺的产生，愿意沉浸在片刻的刺激与快乐之中，不懂得理性地思考和分析行为和结果，一味地为所欲为，而因得到的这些快乐，终要付出沉重的代价。

　　我是白羊座，绝对的冲动主义者，完全不擅长理性思考，甚至于在我成长的这些年里，也没有学会怎样去理性思考，我天真地以为自己会成为一个艺术家，凭着自己对艺术的直觉与理解，却不懂得什么是真正的艺术，不理解成为一个艺术家需要付出多少努力与代价。

　　人生需要思考，你未来要走的路需要一点点地自己规划，而不是走一步算一步，等着天上掉机会下来。我多么希望18岁的时候有人告诉了我这个道理啊，现在的我或许不那么青春年少，不那么充满激情，但在我这个年纪学会了思考，或许，还不太晚。

秋日里

因为是突然改变了行程，没有订酒店，我就打算随机在路上找一家看看有没有空房，然后我就看到了一家写着中文名儿"凤"的小旅社，本想着该是华人开的吧，没想到接待我的是一名金发碧眼的外国女性，询问了有房以后，我拿出了护照进行登记，却没想到她看到我的中国护照，开口便是熟练的中文："从中国哪里来呢？"我顿时瞪大了眼睛，表示非常吃惊。"无锡，我在无锡待了一年呢。""噢，这也太巧了吧。"原来她是 Tiger Airline（新加坡老虎航空）的空姐培训师，在新加坡待了 5 年，学会了中文，又在中国待了 2 年，其中有 1 年的时间在无锡机场工作。

随便一棵倒了的树就是孩子们的天然游乐场

趁着她登记名字的时间，我扫视了一下整个前台接待室，很是有意思，有古典木质的中式柜子，还有一些佛像雕塑，旁边的宣传单里还介绍了几间中国餐厅，看来她是真的很喜欢中国传统文化。我问她衣柜里有东西吗？她很大方地打开衣柜给我看她的收藏，有几件旗袍和几件绣着龙凤的外套，她骄傲地说这是她的收藏。

在这么一个世外桃源般的小镇，遇到一个极度喜爱中国文化的外国友人，真的是非常奇妙的感觉。我也没有犹豫，当即就打开箱子，选了一件还没拆封的魏晋直裾送给她，并和她介绍说："这是 Chinese traditional clothes,called hanfu。"她当时觉得非常奇怪，说以前在中国的时候没有见过有人这么穿过，我给她介绍了半个小时的汉服历史以及断代的遗憾。

水天一色

她轻轻抚摸着这件衣服说："真是可惜啊，这么美的衣服，谢谢你啊。"然后将衣服小心地收进衣柜里。 我想着："多好啊，以后哈尔施塔特镇也有一件叫作'汉服'的衣裳了。"

它留在一家叫作"凤"的旅馆里。

哈尔施塔特镇的旅馆"凤"

丹麦的极简美学

丹麦，腓特烈堡

　　我对丹麦是很有情结的。丹麦是"全世界幸福指数最高的国家"前三名，丹麦有安徒生，丹麦有曲奇饼干，丹麦还有小美人鱼。

　　小时候是看安徒生绘本长大的，他的每一个故事都那么耳熟能详，比如说《海的女儿》《红舞鞋》还有《卖火柴的小女孩》。

在丹麦，我没有任何的奇遇，甚至没有遇到什么人，但我参观了丹麦非常有名的腓特烈堡。我了解了这么多年来他们皇室的变迁史，也欣赏了他们历史的痕迹。但是，我真的什么人都没遇到，甚至，都没有看到很多人，这实在是一个太安静的国家了。人少的可以和丹麦媲美的，恐怕就只有冰岛了。

小美人鱼与教堂外围

我来欧洲以前，A君问我："你最想去的地方是哪里？"我说："我也不知道，但是我想去看看城堡，那是只有欧洲才有的城堡。"A君道："那恐怕只有丹麦才有了。"

我也再次见到了小美人鱼，上一次见到她的时候，还是世博会的时候呢。因为他们非常有诚意地把国宝小美人鱼搬到了中国，加上童话的加持，所以当时丹麦馆外排队要排整整3个小时，才可以围着圈儿看到1分钟。

因此,这次时隔多年的再见就好像是我们的一个约定一样。就像是小美人鱼在等她的王子,终有一天王子会到来。

可能因为去的时候并不是旅游旺季,连小美人鱼铜像周围都没有什么游客在拍照;天气实在是寒冷,也没有什么人在长堤公园散步。周边街道都那么冷冷清清的。但值得一提的是,小美人鱼旁边有一个小土坡,很普通的道路,走的时候没有感觉,只觉得是山上面的路,然而我用地图看的时候才发现它居然是一个五角星形状,只有丹麦人才会修造这么可爱又有童趣的道路吧。

丹麦的市中心依旧没有什么人。仅仅几家连锁超市开着门,还有几家餐厅开着,门口取暖器里的火苗跳动着,给身处这严寒之地的北欧人带来丝丝暖意。

走在街道上,几乎所有的商店都是关门的,我看了一下时间,下午3点。冷淡的北欧。估计是冬天出门的人也少,没必要一直守着店,所以他们干脆关门休息了。这个时期的北欧非常寒冷,也许他们跑到欧洲南部的意大利去度假了,又或许干脆直接去瑞士滑雪了。我把手插到大衣的口袋里,拢了拢围巾,深吸了一口气,是潮湿寒冷的味道。

长堤公园

我们在 Airbnb（爱彼迎，一家民宿订购网站）上租的房子不是投资性质的住宅，居然真的是一个民居，真正有人生活在这个房子里，且他们连东西都没有收走，满屋子都是他们的私人用品，仿佛也不害怕有人顺手牵羊，大概是他们自己不会，所以根本也没有这个想法吧。

就这样，把自己家的钥匙交了出来。

这里要说一个题外话，丹麦的家私是真的好，线条简洁，颜色离不开黑白灰棕，但就质量而言，用几十年应该是完全不成问题的。完全没有什么多余的装饰，仅仅靠着线条感就撑起了一切，整个北欧的人大概都是极简美学的爱好者。

腓特烈堡

北欧的城市都有一种特色，冰岛的雷克雅维克和丹麦的哥本哈根它们都极度干净，好像空气里都不会有灰尘一样，明明处处整洁明亮，却含着一种克制的美。从他们家具的设计来看，觉得他们注重条理与细节，有很强的时间观念；他们崇尚设计感，并且可以创造出顶尖的产品，就像他们喜欢制订规则并且遵从规则一样，我喜欢称它为自律的国家。这样美丽又整洁的地方，人们出行都喜欢骑自行车，我经常看到有爸爸骑着一辆自行车，车前方是一个小篮子，小篮子里放着他的宝宝，这个场景，确实是非常的童话。

北欧有它得天独厚的自然环境，有纯净的空气，丰富的植物和多样的生态环境，他们的取材简直是信手拈来。而且北欧的社会福利水平高，当大众早已不处于对物质极度渴望的阶段，会对材料与设计本身更加注重。这也就是为什么北欧的设计都是那么简单，但是材料却好得惊人，其实归根到底就是源于他们物质欲的淡化，使他们重新拾起了对自然本真的渴望，大概这才是所谓极简美学的真谛吧。

腓特烈堡的厅堂

我参观了丹麦有名的菲特烈堡——丹麦现存的古堡里面规模最大，保存最完好的一座。确实是真的很漂亮啊！打扫得非常干净，每天都有管家在里面巡视，甚至让我怀疑这里面是不是真的还有皇室在居住？

　　最后，我想用丹麦前王妃文雅丽的一段话结束丹麦之旅，她在接受内地综艺采访的时候，主持人问她："你还相信童话吗？"她回答说："为什么不？童话就是对自己怀着最美好的期待，却不知未来有怎样的风景。"

远眺哈姆雷特城堡（克伦堡宫）

近距离的哈姆雷特城堡

瑞典的浪漫爱情故事

北欧春天的樱花开得正好

　　瑞典，一个最靠近丹麦的国家。瑞典有什么我也不太知道，瑞典的行程也并不在我的计划里面。因为在丹麦逗留了 3 天，朋友说从丹麦去瑞典只要坐船就可以了，既然都已经到这里了，为什么不去瑞典看看呢？我一口应允。到轮渡口的时候，我看到有很多人，有的人带着小孩，有的人拖着小行李箱。我问朋友说："这些人是回瑞典的吗？"因为我看到他们有些人手中甚至还拿了几扎啤酒。朋友说："是啊，因为丹麦的物价比瑞典便宜啊，他们会比较之后来丹麦买便宜的，比如说那个啤酒，他们爱喝这个丹麦产的啤酒，拿到瑞典卖的话肯定会贵啊，因为有税呀。"

这个情形倒是相当有趣，让我想到了之前广州人去香港买进口食品的场景，应该跟现在是类似的吧。渡轮从丹麦到瑞典非常快，大概也就10分钟，船非常大，所以整个行程都很稳。船上面什么都有，吃的喝的，甚至还有一个小型赌场。就这样，在完全不知道瑞典有什么的情况下，我就到达了瑞典的边境。

本以为是一次帅气地说走就走的旅行，然而，尴尬的事情发生了。我不知道原来从丹麦去瑞典，坐渡轮是需要护照的，而我居然没有带护照。我抱着侥幸的心理，希望我手机里的护照扫描件可以使我进去逛一圈再回来。在海关苦苦等了40分钟以后，他们拿着我的复印件打电话去查询我的签证，再打去中国领事馆核对我的信息，最终确定我不是犯罪潜逃之后，给我了一张证明单，意思是我可以拿着这张单子回丹麦了。

这是我人生第一次走路的时候后面跟着两个海关警察。没有觉得很沮丧，反倒是很兴奋，突然觉得被保护了，当然在他们眼里也许是押送。到了瑞典往丹麦的渡船口两个警察跟我打了个招呼就回去了。渡口有一个工作人员，看起来这位爷爷大概有60多岁了，不知道为什么还没有退休，这时候距离下一趟船到达还有40分钟。

我也实在是百无聊赖，于是开始跟这位爷爷聊天。他英语口语很好，我和他讲述了自己这次的遭遇，他表示同情，于是开始跟我讲述这艘渡轮的历史。

他说这艘渡轮再工作5年就要退休了。他从小就生活在瑞典，小时候就经常坐这个渡轮，很有感情。后来，他在这艘船上遇到了丹麦过来瑞典的他的太太。我想着也许他的太太当时是想来买啤酒吧。反正就这样邂逅了彼此，于是他们相识、相知、相爱，最后结婚了。而他们的婚礼也是在这艘渡轮上举办的，他觉得这艘渡轮见证了他们的爱情，也是他们的媒人。明年就是他们结婚 40 周年了，他希望在渡轮上举办一次结婚 40 周年的庆典。因为这艘渡轮已经太老了，不可能见证他们的 50 周年了。

我突然有些感伤。他的爱情真是简单纯粹又美好，怪不得，大家都说北欧是幸福指数最高的地方。他们喜欢的东西非常简单，就是那些最纯真最质朴的东西，爱情也是一样。在这里，不用提忠诚，不用提责任，就仅仅是爱，就足以走过这一生。

其实一路看过来，北欧人的穿着都非常的简单朴实，冬天以冲锋衣跟羽绒服为主，保暖最重要；夏天以棉质跟麻质的衣服为主，舒服最重要。生活就是这样简单，不用讲究什么名牌名车，不用攀比什么家境学历。

生活，就是生活啊。

平静的渡口

渡口边的樱花林

　　对了，那个最靠近瑞典的丹麦城市叫赫尔辛格，而那个最靠近丹麦的瑞典城市，叫赫尔辛堡。如果你也有机会去坐渡轮的话，记得一定要带护照哦。

德国人的理性与感性

德国市政厅大楼

　　德国，也不是第一次来了，之前去过法兰克福，印象中除了双立人和不锈钢，好像也没有什么特别有意思的东西。这一次来德国又遇上了下雨天，我们从维也纳过来的时候大概十几度，到了慕尼黑发现只有两三度，阵阵寒冷刺骨的风，确实是令人有点儿难以抵挡。慕尼黑的房价很贵，在维也纳可以住套间的价格，在慕尼黑只能住一个小公寓，卫生间还是几户人家共用的。不过打扫得倒是很干净，很符合德国人严谨的做派。

　　我实在是对德国喜欢不起来，并不是历史原因，更多的是我每一次来，天都是很阴郁的。后来住在德国的朋友跟我说，德国的天大多数都是这样的，很少会有天气晴朗阳光灿烂的日子。我们这次来慕尼黑是为了参加一个化妆品展会，我的朋友来找一种美容用线。而我，就是跟着逛逛看看。在这个展会走了一整天，我们都没有找到想看的东西。于是我们决定去好好吃一顿德国最有名的猪蹄跟香肠，来犒劳一下自己的双腿。在点餐之前我还满怀期待，毕竟我可要喝到正宗的德国黑啤和吃到德国猪蹄了。但是这家有名的餐厅因为人实在太多了，从点菜到上菜，整整花费了我们两个半小时，德国烤猪蹄的味道确实还可以，这可能是德国最好吃的东西了吧。如果说要介绍美食的话，在德国，我可能没有什么要介绍的。因为这里除了肉，还是肉，也难怪有些法国人会坐车来德国买肉，可能真的是便宜不少。这次旅程期间比较奇妙的是我开了一个网络班，收了一些线上学妆照的学生，而这里面就有一个来自慕尼黑的学生，我们还相约吃了一顿饭。后面，我会详细介绍一下她，一个特别有意思的姑娘。

△　德国美食
◁　德国街道

我在民宿换好汉服以后下楼吃早饭。房东看到我之后，皱了一下眉头，并没有说什么。当我早饭吃到一半的时候，他似乎是纠结了很久似的过来问我说："你这样穿可能会有点儿冷哦，外面的温度非常低。"我顿时笑了，原来他纠结了这么久，就是想说这句话。我回答他说："我出门一定会穿外套的，不会冻到。"其实这个天气就算我穿着大衣跟毛衣也还是会冻到啊。过了一会儿，他又问我说："这是你们的传统服饰吗？"我回答他说："是啊，好看吗？"他思考了一下和我说："今天是什么节日吗？是传统节日吗？要这么隆重。"我笑笑："不是啊，但是我每次旅行都会这么穿。"他表示了解。我突然意识到德国人的惯性思维就是：什么节日穿什么样的衣服，什么时间吃什么样的东西，这些似乎都是定好的，这是他们骨子里的严谨与保守。而我，生来就是一个不愿意被拘束的人。喜欢穿什么就穿什么，喜欢吃什么就吃什么，所以，对德国我才会感觉到，有些压抑吧。

布拉格并没有无人的广场

布拉格的天鹅湖

布拉格的秋

布拉格，经常会出现在耳边的词儿，从小就在听蔡依林的那句"我就站在布拉格无人的广场"；另外一个就是徐静蕾拍了一部电影叫作《有一个地方只有我们知道》，拍摄取景就是在布拉格。因此，布拉格在国人眼中似乎一直就是浪漫之都。这次在布拉格只能待两天，第3天要回维也纳赶飞机。即使是很疲劳的情况下，我还是到了布拉格，就为了亲眼看一看蔡依林口中那个"无人的广场"，以及布拉格最有名的查理大桥。我见过很多国外的水彩绘画师在画欧洲建筑的时候，一定会有这座隐在雾里面的查理大桥。于是我就来了。

把行李拉到酒店，我就打了个车到查理大桥。道路两边满是黄色的树叶，落得满地都是。这样秋意中的布拉格，让人感觉特别舒服。查理大桥作为布拉格最有名的景点之一，必然是游客的聚集地。整个桥上被挤得水泄不通，能钻到一个角落里去透一口气都觉得是幸运。查理大桥上有很多在售卖自己作品的人，有的在卖绘画作品，大多数画的也都是各种天气下的查理大桥，还有一些肖像画。有的在卖一些摄影作品，有的在卖一些手工做的首饰。虽然品类不多，倒也真的蛮有意思的。

查理大桥上的人群

116

布拉格的街道与建筑

　　在布拉格遇到一件有趣的事。我在布拉格的街边找了一家烤乳猪的馆子，准备吃一只猪腿来弥补一下今天被挤到头晕的行程。因为这家店生意特别好，很多人都只能拼桌而坐，我随便找了一个地方坐下了，正巧这个时候，旁边有一位小姑娘正在跟她的男朋友聊天，我见她一直在催促她的男朋友快点儿吃，然而自己却一口都没有吃，不停地在喝水。我觉得很奇怪，于是就问她："哎，你怎么不吃啊？你是哪里人啊？"她说她从加拿大来，是在加拿大长大的华人，我于是便跟她多聊了一会儿。她叫小米，小米是个素食主义者，而成为素食主义者的原因也非常奇特。是因为她12岁那年学校的老师给她算了一笔账，那个老师说每年有无数动物因为人类吃肉而被屠杀，如果一辈子吃素，那么一生就可以拯救将近6000只动物的生命。小米听了以后就下了决定——开始吃素，于是从12岁到现在，20年了依旧不动摇。我问她："那你想吃肉吗？"她回答说："想，但是又不想。我想尝一下，满足我的口腹之欲，可是我又不想残害动物，所以我有的时候会很矛盾。我男朋友觉得我很傻，我们家里人都觉得我很傻。"她转头问我："你觉得我傻吗？"

布拉格河道两侧

远眺查理大桥

我回答她："不会啊，我觉得你很勇敢。" 其实就像我的家人，肯定也都觉得我特别傻。他们不能理解我穿汉服的原因，他们只会觉得，你为什么要把自己穿得这么奇怪？我觉得我和小米是一类人，某种程度上我们都做着别人看来毫无必要的事情，吃力又不讨好。会被嘲笑、质疑，也会被不理解，却都如此执着而笨拙地生活着。

布拉格的街道

其实，人是可以像犀牛一样那么勇敢的，哪怕很疼也是可以的。大多数人疼一下就缩起来了，像海葵一样，再也不张开了，最终变成一块石头。要是一直张着就会不断地受到伤害，不断地疼痛着，但我还是想像花儿一样开着，在疼痛中成长着，绽放着。

布拉格的街头与汉服

布拉格的夜晚

对汉服的第一次体验

陈先生拍摄的仕女照

与汉服的第一次亲密接触

　　与汉服的第一次亲密接触缘于陈润熙。他是一名古风摄影师，他照片中的人物就像古画中的仕女一般，或是在河堤吟诗，或是在写字绣花，或是在苏州园林里唱曲儿，反正是让古画中的仕女活了起来。最早看到有关他的报道是在《中华手工》的杂志上，当时我就被封面吸引了，于是到微博上面搜索他。得知他可以接客片的时候，我立刻跟他约定了第二年的两套照片。陈先生每年只接12套客片，每套只修12张，我问他为什么只修12张，他说一个月看一张，一年刚好12个月。跟他预约基本都是下一年的档期，为了做到精益求精，他需要有足够的时间来做创作跟准备工作。陈先生摄影工作室的服装全部都是复原品，花罗的底料配上苏绣，有的时候拍摄用的马面裙都是古董呢，而梳妆用的饰品也都是古董点翠和老银饰。这样的精致程度恐怕是想拍得不好也很难。那几次拍摄是我与汉服的第一次相识，但那时候的我只知道它是好看的服装，对它还是没有一个明确的认知。要说我对汉服有了真正的认知的话，是缘于我古琴老师邀请我走的一场汉服秀。

　　这应该是宜兴第一场国风汉服秀。为了让大家更有参与感，这一次的模特请的都是素人，也就是我们这些根本不认识汉服的人。那是我第一次看到这么多的汉服，也是第一次知道原来喜欢汉服的人有这么多啊！这场汉服秀当然办得很成功，更重要的是因为这场汉服秀我认识了当地很多喜欢汉服文化的人，于是有了后来的交集，有了后来的发展。她们是我在喜欢汉服的道路上认识的第一批人，虽然她们都不是圈内人，甚至我，也从没有混过圈子，我们只是一群喜欢汉服的圈外人。

这次走秀给我安排的是一套唐风的服饰。第一眼看到的时候只觉得花花绿绿的，颜色可真多，绣花也好精致，当我穿上它站在镜子前面的时候，仿佛听到了它与我的对话，我仿佛回到了那个盛唐时期，那个天朝大国。这才是我们应该有的服饰呀，可是为什么现在只有这么小众的人在穿它呢？我曾在节目上说过，当时那一眼就打动了我，我认定什么打动了我什么就是我的命，这就奠定了后来我不懈地为汉服的发展做努力的基础。

其实很多人都有一个古风梦。他们可能是资深古装戏迷，也可能是汉服痴迷者，只是迫于世俗标签而不敢去尝试。可想想古风，不就是对独立和自由的追求吗？我觉得汉服是一分遗失的美好。在日本，没有任何一个日本女人穿着和服、踩着木屐走在街上会引人侧目；在苏格兰，一个男人即使穿着苏格兰短裙，也不会让人惊讶。汉服这分遗失的美好，正被一群又一群的年轻人复原、创新和继承。秦晋大气，魏晋风流，唐风倾国，宋明气运，历朝历代都有各自的风采，灵气逼人，令无数爱好者为之倾倒。

我很感谢这次分到的是唐代的服饰。我最喜欢的就是唐朝了，不管是妆容造型还是服饰，都在唐朝的时候达到了一个顶峰。唐朝在两三百年间，文治武功，旷绝千古，声威文教遍于亚细亚，当时与唐朝有过往来的国家和地区一度达到三百多个，创造了"万国衣冠拜冕旒"的盛况。形式多样的奇异服装，给唐代女子的服饰注入了新鲜的元素，这个时期流行的盘髻插梳，插花戴冠，袒胸窄袖短衣，高腰掩乳长裙，帔帛飘飘，高墙锦履等流行元素，都开创了前无古人、后无来者的时代风气。

　　我很感谢这次走秀让我认识了汉服，让我近距离地接触了那么多喜欢汉服却不敢穿出来的同龄人。这也为我后来勇敢地踏出第一步，找到自己发展的方向奠定了基础。谁也想不到，这样一次简单的走秀居然会改变我的整个人生和理想。所以当你喜欢一件事情的时候，请勇敢地迈出第一步吧。

与汉服的第一次亲密接触

小昙花的诞生

　　小昙花不是一个人，它是我设计的第一套改良的汉元素服装，也是我从事服装设计开启的第一道门。很多女生都有这样一个梦——成立一个自己的服装品牌，又或是开一家自己的服装小店，这样就有永远穿不完的衣服，有很多很多好看的照片，还有一群支持着你、和你有一样品位的人。因此很多女生都梦想自己能去学习服装设计，而我，在毕业两年后也踏上了这条路。

　　可能是因为我比较胖，在汉服选择上我喜欢唐代的衣服——齐胸襦裙。齐胸襦裙本身非常仙，因为设计比例就是胸以下都是腿，不仅显得高而且也不显人胖。但是齐胸襦裙有一个致命的缺点——就是太容易掉了，因为它的结构是后面两根带子系着，前面两根带子也系着，用带子的支撑力去固定，这条裙子就在你的胸上挂着，这实在是太危险了。唐代女子以胖为美，所以他们这么设计是很合理的，一是可以掩饰身体的曲线，第二是通风透气比较舒适。因为她们比较胖，所以胸部也会比较丰满，衣服当然不容易掉。可是现代人大多以瘦为美，这样的情况下要去撑起这个裙子，那就非常困难了，胸口经常会有带子的勒痕。

小昙花设计图

小昙花成衣

和姐妹一起穿自己的设计

小昙花的买家秀

127

一些胸部比较平的妹子更是穿不了这个，只能眼巴巴地望着。这时候我想，如果把齐胸襦裙设计成一体的呢？衣服的背部我用了高弹的布料，这样，不管胖瘦都合穿，一体的也更利于行走，就算出去玩儿也不怕掉。

说做就做，我当天就坐车去杭州四季青找面料了，好在有一个朋友家里是开服装厂的，他对面料十分熟悉，我就请他跟我一起逛面料市场。就这样，我找到了一款面料叫作锦丝皱，它在阳光下会发光，整体感觉也比较仙，唯一的缺陷是比较薄，穿的时候有可能会被钩破，不过为了展示整体的少女感，这样的面料缺陷也只能忽略不计了。当时是我第一次做服装，并没有设计经验。在绣花上我选择了昙花做主题，选择这个主题，主要也是因为当时朋友圈里的姑娘们都比较喜欢这种比较稀少的花儿。第二是考虑到绣线配色的原因，因为我选择了米色跟鹅黄色为主体做这件裙子，绣花最好也是这个色系，而昙花的绣线可以选择从白色到米色到黄色的渐变，这样整体也是比较契合的。

因为没有服装设计方面的经验，这一次的版打得非常漫长，整整3个月的时间出了3个版，改来改去；加之我这种小订单，很多制衣厂都不愿意接，一直都是我朋友卖人情在他家的厂里找师傅帮我做。我也只能干着急，但又不知道怎样才能更快地向前推进。从有概念，到打版到样衣到绣花，再到成衣，整整6个月，从冬天一直到了第二年的夏天。庆幸的是，时间刚刚好是穿这个衣服的季节。

因为是第一款衣服，价格我不敢开得很高，于是我定了"199"的价格，基本是无利润状态，这个价格在当时的市场上也是非常低的，也因此我第一批的一百件很快就一售而空。这让我尝到了甜头，幻想着也许我真的可以走服装设计的路，也许我真的有天分。我完全忽视了自己缺乏实践经验，没有足够的知识积累的问题。在出了两三款衣服之后，我陷入了瓶颈，缺少专业知识又缺乏制作能力，赶不上进度又不够了解市场，这样想成立一个品牌怎么可能。

考虑再三，我决定去北京服装学院进修。那个时候北京服装学院还没有汉服打版制作的专业，几乎都是商业设计。就这样，一年过去了，市场的风向也发生了变化，市场上出现了越来越多便宜的套系，而我所做的设计在价格上没有优势，在款式上也没了优势。就这样，我的第一次创业失败了。

不过我觉得这并没有什么好难过的。虽然说创业失败了，但是在这次创业中我至少学习到了纵观全局的经验。有的时候，在人生的道路上必要的学费是少不了的，该摔的跤也是要摔的。

和姐妹们一起穿汉服出门聚餐

在这个竞争力极强的网络社会，信息的传播速度太快了，想要做成功一件事情也非常的困难。所以，你一定要学会不妥协、不气馁。只有这样，你才有可能不会被淘汰出局。毕竟走出了象牙塔，面对的就是适者生存的社会。

就这样"一站到底"

"姐，我有一个同学现在在南京电视台工作，她知道你在做汉服，她想邀请你参加一个综艺节目。"去年夏天，我妹给我发来了这样一条微信。我当然欣然应允，我还没录过节目呢。

妹妹的同学是电视台的选角编导，她的工作是在全世界找适合参与节目的人。找到适合的人的时候，她们会进行一次视频通话，通话之后看状态，觉得还可以的话再把人分配给内容编导。内容编导会决定你在台上说话的内容，他要根据沟通时你表现的状态来预测你是否能好好地发挥。

于是，在经过重重筛选之后，我进入了江苏卫视《一站到底》

的录制现场。这确实是我第一次参加节目,说不紧张是不可能的。因此,在确定要去参加录制的那一个礼拜,我在网上猛查题库,希望会对自己有帮助。当然,这样的临时抱佛脚,是比不过有强大的知识储备的人才的。

隔天夜里我们就去到了江苏卫视的录制现场进行彩排。对方是谁?我们不清楚;对方是做什么的,我们也不知道,甚至在彩排的时候都是报假姓名以及假身份,就为了保证第二天比赛的公平性。第一组彩排时,我们在台下观看,我有些不知所措,怎么大家都是演员吗?还是专业选手啊?怎么都这么厉害!天哪,我一会儿要怎么办呢?天哪,我会不会一会儿说不出话呀?天哪,我为什么会在这里呀?我心里已经满是疑虑,紧张地手心出汗。

我不停地深呼吸,告诉自己,"这只是彩排,这只是彩排",就算表现得不好也没有关系,我还有一个晚上的时间。殊不知,我的双腿已经开始发抖。轮到我彩排的时候,我发现整个舞台上的人 —— 我的对手们,表现得都非常好,他们看起来都不紧张。天哪,他们是怎么做到不紧张的?那我不会是全场第一个掉下去的吧。这真的太吓人了。我就这样战战兢兢地完成了人生的第一场彩排,也是唯一一场彩排。

回到酒店之后,我整夜都难以入眠。

正式的录制在第二天晚上的 7 点,我们下午 4 点就需要在楼下集合,然后去化妆室化妆换衣服。在化妆室等待的时候,我的内容编导过来找我说:"小思,你还记得自我介绍吗?背得熟吗?不要紧张哦,我看好你。"我换上了自己准备的汉服,画上了非常精致的妆,到了候场区,大家的注意力转移到了我身上。是的,如果我穿着普通的衣服,站在一群这么优秀的人里面,自然是不起眼的,也不容易被注意到。

而当你换上这样特别的服装站在人群中时，大家都会对你产生好奇。这使得我更紧张了。这个时候我看到站在我旁边的一个男生，他打开了手中的小提琴盒。我顿时非常有兴趣地问他说："这是你的小提琴吗？上台表演吗？你会紧张吗？"他抬头看着我，笑着说："我不知道我会不会表演，但是我准备着，以防万一。我当然会紧张啊，其实大家都很紧张。你看，"这个时候，我转头看向他手指的地方，"他在不停地喝水，这是在缓解紧张的情绪；你再看另外两个看手机的，他们是在背稿呢，其实大家都很紧张。当你感到紧张的时候，你的身体会分泌多巴胺，你把紧张转变为兴奋吧，你是要上台告诉大家你喜欢什么，展示你喜欢的东西，不是一件很值得兴奋的事吗？"听他这么一说，我突然觉得好像是这样哎。或许，我可以尝试把这种让大脑变得空白的紧张，转换成一种兴奋的状态，这样也许还可以帮助我发挥，就不会再忘词儿了。

　　是的，我非常感谢他，虽然这次表现得也没有特别好。但我至少没有紧张到在自我介绍的阶段就忘词儿。输给北大才子也没有什么可难过的，主要是我战胜了自己，这次录制我没有留下什么遗憾。我学会了当你感到非常紧张的时候，把这种紧张转变成兴奋，这样不管在什么样的场合，都可以提升自己的能力。是的，《一站到底》开启了我的综艺节目录制之门，因为这个节目，使得更多的人看到了我。他们相信我说的话——什么打动了你，什么就是你的命。是的，汉服打动了我，我就要以宣传汉服知识为我的使命。如果我们注定只能在别人的生命中擦肩而过留下一个影子，那留下一个穿汉服的影子将是一道别样的风景线。

　　这个在节目上帮助我的男孩，就是帮我写推荐序的陈锴杰同学，他骨子里透着细致，请他写推荐序也是缘于我对他的崇拜。

现在还是有人会私信我，说是在《一站到底》上认识我的，也是因为我而喜欢上了汉服，这才是做电视节目的意义吧——它可以帮助你更好地宣传你真正想表达的东西，会有更大的能量去做你真正想做的事。当你开始有了一定影响力的时候，你需要对你说的每一句话负责，这大概就是大家所说的——能力有多大，责任就有多大。

节目截图

我与陈锴杰

第一场明制婚礼分享会

　　今年的夏天比较空闲，于是我想着把去年那次不是很满意的汉服分享会在今年再做两次。这件事情对我来说倒也不难，去年的时候因为是第一次做这样的分享会，做得不是很完善，也不敢上台讲话，今年有了几次参加综艺节目的经验，脑子里的词儿也多了，汉服的历史也都梳理得很清楚了，觉得是时候再办两场汉服分享会了。这两年国风正旺，很多广告公司也有年度活动的预算，也许国风可以跟他们的活动相结合，只需要把场景布置的合理些。我去找了两家广告公司，初步意向他们都很满意。一家说在博物馆做，一家说在大型购物商场做。最终我选择在大型商场办活动，办得非常顺利。这次的分享会和上次不同，上次只是简简单单地走个过场，而这次是以朝代展示的方式来做一场秀——一场明制婚礼，这大概是宜兴第一场明制婚礼分享会吧。活动那天选在了七夕情人节，这天商场的人流量非常大。为了契合他们的情人节消费主题，活动是在商场的中庭举行的。我喜欢办活动，办活动最有意思的事情就是每次我举办汉服活动，当地的汉服社团都会来支持我，他们也都很愿意在商场里面穿汉服，会有更多的人知道什么是"汉服"。正是因为我学会了怎样把汉服知识与大家共同分享，怎样将紧张变为兴奋，所以之后的每一次分享会都办得非常顺利。其实只要你抱着这颗宣扬汉服的初心不变，那么看到的人也会被你感染，慢慢地一切也会越来越好。

第一场分享会

记得去年举办的分享会是在一个酒店里，那次是邀请制的，大多数被邀请的都是一些比较出名的网红，还有一些比较有影响力的人，相对来说人还是比较少，也不用上台讲话，

第二场分享会

第三场分享会

所以我只需要在后台负责造型。而这次不同，这次是在一个我不知道会来多少人、也不知道谁会来的商场里。所以我今天必须格外谨慎，生怕说错了什么话会影响大家对汉服的观感。早上我和我的助理早早地来到了现场，我们先在前台搭建了一个小的书桌，在上面放了一些跟汉服有关的书，还在旁边放了一个衣架，挂上给大家可以体验试穿的汉服，他们可以穿着衣服在商场里面随意拍照，我希望他们可以通过尝试，发朋友圈而喜欢上汉服。之后我们又布置了后场，就是需要把我们今天要展示的 30 多套衣服以及配套的头饰全部整理好，化妆师也要准时到位，不能慌乱。我以为这样安排之后会非常井然有序，但当模特儿到了的时候，还是很慌乱。我能够理解那些时装秀的后台为什么都是那样忙乱了，为了踏时间点，真的是很赶啊。新郎跟新娘是之后才到的，他们当然是一对真的情侣，他们愿意在那么多人的见证下来举行这场婚礼，让我非常感动。新娘很喜欢汉服，我跟她就是因为汉服认识的，也许在他们的感染下，会有越来越多的人愿意办中式婚礼，汉服的推广也会变得更加迅速。那天我为新娘准备的婚服是一套红金色织金朝服，这在明代只有一品诰命夫人可以穿，我和她戏称说："你这也算是当了一次官了。"传统的中式婚礼并不是简单地交换一下戒指就可以了，他们需要共牢而食，需要喝交杯酒，还需要互换信物。这可比我们电视剧里看的拜天地要复杂得多。

哪怕是多一对新人对这个感兴趣，愿意去了解中式婚礼的文化，愿意去尝试穿着汉服举行传统的中式婚礼，都不枉费我们这次的辛苦。其实宣传汉服就是这样，你不能期望你的宣传会带来多好的效果，因为那不是你能决定的。而你能决定的唯一的事就是你会好好地认真地严谨地去对待每一个细节,这样,哪怕只有一个人喜欢，那也是你的成果了；若有很多人喜欢，那可真是意外之喜了。

我的第一本书

第一次接触汉服是 2016 年的夏天。那是我的古琴老师邀请我为她的第一场汉服秀走秀做模特儿。那是我第一次接触到汉服，第一次接触到那么多热爱汉服的人。

以前，我只以为它是一件漂亮的衣服，可我没有想到有这么多人在为这件漂亮的衣服而努力宣传着。而那次我也只是看看，并没有做什么。

第二次接触汉服是缘于摄影师摩西君的邀请，这个时候已经是 2017 年了。摩西君说她想做个汉服二十四节气系列，希望我可以做她的模特儿。我内心盘算了一下，这就意味着一年中我将有很多次穿汉服的机会，至少 24 次，一个月两次。天哪，我要去哪里找这么多衣服啊！摩西君说这个她会解决，她会去跟商家借衣服，她也真的做到了。那个时候，我觉得自己只是一个穿着汉服的模特儿，也没有什么大不了的。

直到 2017 年 6 月，有一位编辑私信我说："我很喜欢你做的造型，你有没有兴趣出一本书呢？关于古风造型的。"我当时非常吃惊，因为我没有发过任何有关发型教程的文章，为什么他会来找我写书啊？于是我认定这人就是个骗子，所以也没有理他。本以为这事就这么不了了之了，但是因为我一个月要拍两三次照片，父母觉得这样太奇怪了，又觉得我不务正业，因此对我有了很多的不满。他们觉得你为什么要穿得这么标新立异、奇形怪状，他们甚至觉得自己的女儿得了病。那个时候，我的男朋友也并不支持我，他并不喜欢看我穿汉服，甚至有些厌恶。每次他看到我穿汉服的时候语气都不怎么好，也不太爱跟我说话，甚至会生气。

我大概可以理解他们的想法，但并不认同，可能是在不断尝试的过程中对汉服产生了爱意。那我就写本书吧，我要证明，我是认真的。

于是我找到了那位编辑，告诉他我愿意接受这个挑战。不久，他就把出版合同寄来了，我看了下，是人民邮电出版社，趁着兴致就把合同签了。

>
我完成的第一个造型

我找了摩西君跟我一起完成这个艰难的任务，她也欣然同意了，可能她也觉得这个挑战很有意思吧。我们约的第一位模特儿叫阿楚，她是我们的好朋友也是一位紫砂手工艺匠人，16岁就开始学习做壶，现在制壶已经小有所成了，在当地还颇有些名气。她本人也非常漂亮，有一头乌黑亮丽的长发，就像是从画儿里走出来的女子。

由于是第一次做发型，缺乏经验。做之前我没有画设计图稿，也没有考虑好做什么发型，所以在做的时候漏洞百出。我当时是有点儿崩溃的，但是又不想太丢人，只好硬着头皮往下做，直到最后变得一团糟，怎么也补救不回来，当场就哭了，一边哭一边觉得自己特别没用。现在想想实在太丢脸了，不会就学啊，哭有什么用，当时还是年龄太小。

原来父母说的果然是对的，我就是一时的兴趣，一无所成，什么都做不了，就是个蠢蛋，还要浪费朋友的时间，我甚至已经在思考要赔偿多少违约金。这个时候，摩西君走过来拍了拍我的肩膀说："不要哭，你去拍，这个造型我来做。"就这样，我们的第一个造型是靠摄影师完成的。

当天结束以后我回到家里，躺在床上对着天花板开始思考，"我要不要继续，我该怎么继续，我又该怎么放弃"，我思考了半天，不知道应该怎么做，于是我起来列了一张表。我把"继续"写在左边一栏，把"不继续"写到右边一栏，然后我开始列举继续的好处跟困难，再列举不继续的好处跟后果。最终我决定：我要继续，我要克服它，我一定要让父母对我穿汉服这件事改观。当然，我了解我的父母，如果我不做出一点儿成绩，他们是一定不会改观的。

当天晚上，我一头扎进了史料堆里，开始研究每个发型的组成部分，研究每个发包应该怎么梳、应该梳在哪个位置？每个朝代有什么样的妆容特点、穿衣跟发型特色。第二天，我决定先用自己做个试验，于是我笨手笨脚地开始给自己梳头发。反复多次，头发头皮被梳得很疼，但也正是因为有了这样的尝试，我后来给模特儿梳头发的时候，他们痛不痛我都会知道。其实做造型是一件熟能生巧的事情，也是一件非常有意思的事情。后来我发现每次做造型的时候脑袋都会放空，我思考不了事情，而我的手就像有肌肉记忆一样，不用去思考，就这样做出来了；也许不是我没有思考，而是我太过于全神贯注了，这样沉浸地去做一件事情，真的太让人愉快了。是的，就这样，历时 6 个月，我们完成了这本书。至于销量，非常可观。2018 年的时候是京东美妆榜上的销量前 10 名。这太出乎我们的意料了，像我们这样的人，真的从来没有想过自己写的东西会被人喜欢。

第一本造型书与第二本造型书

原来,去完成一件事情并不难,但你需要去克服内心的恐惧。如果你也曾遇到一件事情不知该做或者不该做而捉摸不定的时候，那么我教你一个办法 —— 去列一张表，把好的不好的都列出来，学会这样理性地去对待一件事，我相信你一定也可以得出最好的结论。

那些穿着汉服的有趣的人

席瑞肖像照

穿着汉服的奇葩辩手

他叫席瑞，他是《奇葩说》比较火的国学派系辩论人，他大概是穿着汉服最会辩论的人了吧，今天我想跟他聊一聊关于他与汉服的故事。

问："席瑞啊，你第一次接触到汉服是什么时候呢？"

答："第一次见到汉服应该是初中的时候，那个时候我们班上有个人比较喜欢国风文化，有一次他就穿着一套汉服出来跟我们一起去看电影了，我当时就觉得这个好漂亮啊，因为平时会看古装剧，所以也会有一些熟悉感。他跟我们说这个叫"汉服"，当时我就只是觉得这个很漂亮，也没有什么太多其他的想法，毕竟那个时候要穿校服嘛，所以也没有萌生要穿上它的想法。"

问："那这次的接触对你有什么影响吗？"

答："那次以后，我有在听一些古风歌。"

问："那你现在在生活中会穿汉服吗？"

答："我会穿改良的服装，嗯，我比较喜欢亚麻的，穿得会比较多。"

问："什么时候你开始有这样的穿衣习惯呢？"

答："应该是大学的时候吧，那个时候面临着告别校服自由选择服装。我大学是主修文学系的，文学系那个时候是基本上不分东西方的，开篇第一篇都是讲诗经。诗经就是我们对古人最早的想象，觉得那个时期的文学应该就是浪漫的、清新的、风花雪月的。所以就会开始选择一些国风改良的服装和汉元素的服装。"

问："你第一次看到有人穿汉服的时候，你不会觉得他很奇怪吗？"

答："我没觉得。如果我们对一件事情觉得不适的话，那一般情况下是觉得不喜欢、不好看吧，但这件衣服这么好看，我不会觉得很奇怪。我只会觉得说，嗯，有一天我也要试试。"

问："你现在在人民大学有见过穿汉服的人吗？"

答："有啊，但是大多数都是改良版的，不是那种传统的款式。不过他们倒是会去租汉服——拍毕业照。我大学毕业的时候很多同学都去租了汉服，然后在学校里拍写真作为他们毕业的纪念。那个时候我也想拍，但是因为时间上的一些安排而错过了，所以一直是我心里的一个遗憾吧。"

问："那你后来去研究生学院的时候有参加什么社团吗？"

答："我们学校里确实有社团，但是因为时间上的安排，我也没有参加社团。"

问："你如果在街上看到一个穿汉服的人，你会去跟他搭讪吗？"

答："不会。我这人性格的原因不太会跟人搭讪，即使他穿着很漂亮的汉服，或者他手上拿着一本我很喜欢的书，我都不太会去搭讪。这是我自己的问题，可能比较内向吧。"

问："那你会多看两眼吗？"

答："这个我会多看几眼，我会看他穿的哪个朝代、什么款式，还会看他衣服上绣的图案。男生的话会比较少，基本上都是马，还有云；女生就会有很多很漂亮的图案，很精致，我还会看女生头上有没有插发簪什么的。我看你今天这个发型做得不错，我看了就会觉得很欣赏。"

问："那你上节目时穿的汉服，是你第一次正式穿很正统的汉服吗？"

答："其实我是在海选的时候自己花钱买了一套很漂亮的汉服，那个时候我觉得还蛮贵的，因为一套差不多要一千多，比我们日常普通的服装要贵很多。但是我觉得它很漂亮很精美，我就想买一套做纪念，这是我自己的珍藏。因为我穿这个服装，讲话又有点儿慢吞吞的，所以节目组觉得能够突显'国学青年'的形象，所以后来都会帮我租借不同的汉服，我就觉得很过瘾，因为录制的同时还可以穿那么多好看的衣服。"

问："你觉得现在的汉服潮是不是基于大众都想要博人眼球的心态呢？"

答："我觉得不会。我觉得虽然说，嗯，你觉得很多人穿汉服是因为它可能是接近传统文化最简单且没有门槛的事情，我们对古人的想象就是穿着这样的衣服，然后做着一些非常文雅的事情，那我们能接触到的最实质性的东西可能就是这个——我们经常可以穿在身上的衣服。所以我觉得现在有那么多人喜欢汉服，接触汉服，更多的是缘于汉服更贴近他们对传统文化的想象。"

虽然席瑞在舞台上讲国学讲得振振有词，不过他在现实中除了喜欢国学以外，其实是一名西方文学的研究者，他的研究主方向是西方性别文化差异。我觉得这件事情特别有意思，因为我有一些认识的朋友他们会去美国求学，然后是为了研究东亚文化。我有问席瑞，为什么要在中国研究西方文化，而在西方研究亚洲文化呢？席瑞说外国人看中国人跟中国人看外国人一定是不同的，在这样的情况下，你以不同的视角去看待其他国家的文化，会有很大的倾向性，所以，可能是一件更利好的事情。这倒是让我想到了一部片子《末代皇帝》，这是意大利导演贝纳尔多·贝托鲁奇在 1987 年拍摄的，是一部讲述清代皇帝溥仪的故事的电影,这也是唯一一部在故宫实景拍摄的电影，这部戏是以西方人的视角去看那个时候的中国。那时候的中国因为历史原因非常的压抑动荡，色彩都是让人沉闷的。而现在大家看的清宫剧，似乎是从一个得到爱或者得不到爱的女性的视角出发，拍一部浪漫爱情剧。对文化有着深入研究的席瑞，觉得任何一件事情都要以批判的方式来思考。不管是对当下的汉服热，还是大家对汉服的认知，他以全新的视角提出了很多新的观点。

古风造型师大乐乐的偏执

说："我觉得我是个节能主义的人。"

问："嗯？什么是节能主义呢？"

答："就是日本动画片《冰菓》里折木奉太郎说的那样"多余之事不做，必要之事从简"。我在做造型的时候，脑子全在上面了，而平时生活就比较懒洋洋了。"

听大乐乐这么说，我觉得这个节能主义很有意思，我把它理解为：既然什么都改变不了，不如就轻松简单地活着。

大乐乐本人及她做的造型

大乐乐是我很喜欢的古风造型师，她做的造型精致且有她自己的特色，妆容干净且眉眼间有着独特的风情。每每看到她做的造型，都会不自觉地存图。

我想，化的这么好，审美高级，对头发的要求也是一丝不苟的造型师必然是有着强大的美术功底的，但是她却告诉我她从来没有学过美术，不会画画。我称她这个为天赋，但她却不这么认为。

答："如果每一次你没有付出120%的努力，那么你就不可能获得信手拈来的成功。我一直都不是天赋型选手，你们所看到的造型都是我在脑子里磨合了无数次，做了很多的基础累积得到的。我坚信量变才能产生质变。"

聊到这里，我觉得大乐乐是个很有信念的人，她对造型的设计有着近乎执拗的坚持。

问："那你平时看什么去提高自己的审美呢？我觉得造型的好坏应该与个人审美能力的高低有关。"

答："我小时候特别喜欢看纪录片，欧洲的美术史、中国的历史都很喜欢，现在喜欢在 ins 上关注一些艺术家和他们的作品。"

问："那你最早是什么时候接触造型的呢？"

答："四五年前吧，我高中刚毕业上大学的时候就特别想做造型师，但是家里也不是特别有钱，我第一次去学习化妆的钱是我省下来的零花钱，后来我每年都会去进修一次，基本上都是我接客单赚来的钱，存着存着差不多了，看到有好的课程就会去上。"

问："会一直这样坚持学下去吗？"

答："当然要学啊，不然会空的，学习是终身的。"

我一直以为以大乐乐这样完美主义的处女座，生活中必然也是一丝不苟的，但是通过这次和她聊天，我感觉她似乎是个迷迷糊糊的女孩子，生活中并没有想象的那么精致。

问："你是怎么设计一个造型的呢？画下来吗？"

答："我不会画画啊，怎么画下来啊，我就是在脑子里勾勒大致的轮廓，然后再一块块儿地去填充细节，基本上都在脑子里，要过好几遍，如果我哪天造型做的顺手，我就会特别开心；如果哪天没有做到我想要的状态，我就会特别难过，感觉全世界都抛弃了我，我知道这样情绪主义不好，我已经在努力改正了，就是还需要点儿时间。"

问："你做造型会偏向古风造型吗？还是欧洲的也喜欢，都会去尝试？"

答："都会吧，我现在做古风是因为我最早学的就是古风造型，那我觉得既然学了就要学出点儿样子呀，但是未来我更偏向于挑战看我能做到什么程度。"

问："乐乐，你的房间会和你做的造型一样，那么干净吗？"

答："没有啊，我房间就随意吧，但是我的化妆箱一定是很干净的，每次使用之前都会用酒精消毒的，这个是我的坚持，必须整整齐齐，干干净净。"

大乐乐本人与她做的造型

问：“那你平均做一次造型需要多久呢？就像微博里这样完整地出一套创作需要耗费你多久的时间呢？”

答：“不一定的。其实生活中我是个有拖延症的人，有些事情都不会及时完成的，但是很神奇，如果是做创作，我今天做完了造型，拍完了图，我会马上开始不眠不休地修图，东西都不想吃。”

问：“你怎么界定完美主义？”

答：“我以前看一个星座博主说过处女座，我觉得对我还挺适用的，她说处女座对‘完美’有着一种近乎自我牺牲的精神，所以我奉行节能主义，生活中能随意就随意一点儿吧，不然找不到平衡的话，我会把自己折磨死。”

这次采访之前，大乐乐刚完成了她的第一本古风造型书，书的名字暂时保密，她花费了整整一年的时间打磨出了整本书的造型，可以说是她这个阶段呕心沥血的作品了。

问：“花费一年时间做的这本书，其中有一些让你很满意的作品吗？你觉得花费了这么多时间值得吗？”

答：“不是完全满意吧，有几个造型还是比较满意的。我做出我自己特别满意的作品不一定是大众喜欢的，而大众特别喜欢的造型可能不是我设计了很久的造型，可能就是哪一次的信手拈来，所以我坚信积累的重要性。”

问：“你对这本书有什么期待呢？”

答：“没有什么期待啊，我也不知道多少人会去购买，我把完成这本书当成一种挑战，在完成这个挑战的过程中我提高了自己，我觉得就足够了，完成它我尽力了。我高中的时候老师让我们写自己的大学梦想，我当时说想留下点儿作品让后人知道，其实我当时的意思是家里人知道就好了，被我老师误解我要写什么传世佳作，后来她找我聊了很久，我想想也对，既然要做，那么如果一本造型书可以10年都不过时的话，那就算是我小小的成功了。"

大乐乐算是我接触的人里面相当执拗的一个人了，她对造型的热爱近乎偏执，而她的完美主义也在某种程度上成就了现在的她。为了平衡工作与生活，她很好地在两者之间找到了一个叫作"节能主义"的平衡点，这个颇有意思，如果你也是完美主义者，因此在生活中很是纠结，不如试试这个方式，可能可以找到那个适合你的平衡点。

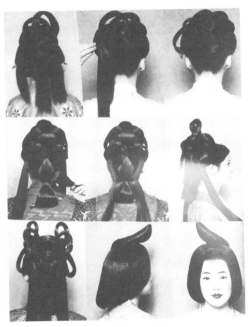

大乐乐新书的配图

关于知乎软件工程师的感性

姜苇是我的一个学生,她找我上网络课的时候说自己在德国慕尼黑,我一直以为她是一个德国留学生。刚好这个课程进行到一半的时候,我需要去慕尼黑的美妆市场做一次考察。自然而然地,我就约姜苇一起吃了顿饭。网络课上有遇到很多学生,大家了解的都不是很深入,平时除了上课也没有太多的交流。可能也因为这样,会错过很多有意思的人和有意思的事。经过这顿饭的聊天才知道,原来姜苇以前在北京是知乎的工程师,而她的老公现在谷歌工作,是谷歌的工程师。哇,理科生的一家,后来她的老公调往德国的时候她也就跟过来了。我很好奇,一个学理工科的女生怎么会对汉服感兴趣呢?又怎么会想着来跟我学汉服妆造呢。

后来她和我说,她觉得工作跟兴趣可以分开,其实姜苇也不是一个偏科的女生,她文科跟理科成绩一直都还挺持平的,甚至有的时候文科成绩会好过理科成绩。她也特别喜欢历史,小时候就特别喜欢。我想,很多喜欢汉服的人都有一颗对历史向往的心吧。而她选择理科也是因为家人觉得理科容易找工作,工作会比较稳定,于是她听从了家人的建议学了理工科,这大概就是学霸吧,学文学理都可以。感觉这么多年自己一直与理科无缘。

姜苇说她第一次听说汉服是在 2013 年左右,那个时候她在南京工作。南京作为六朝古都,其实也是现代汉服兴起的最主要的城市，第一批的汉服商家几乎都是出自南京，而且都运营得特别好，她就是在那个时候关注到了汉服，不过因为她的工作实在太忙了，根本没有时间去接触新的事物，所以也就仅仅是知道罢了。

姜苇与她的第一套汉服

姜苇第一次为自己购买一套汉服是到了北京以后。2016 年来北京做北漂以后，姜苇有了更多属于自己的时间。这个时候，理科生的思考方式出现了，既然有时间的话，那为什么不再找一些兴趣来平衡自己呢？所以这个时候姜苇买了第一套汉服给自己穿。她也会做一些发型，很多都是看网上的教程学的，姜苇学习得很快，只是一直觉得自己做的不是很精致。到德国以后，因为暂停了自己的工作，全身心地投入做了一位全职主妇，这时候她有了更多的空余时间，于是她开始上烘焙的课程。

有一天慕尼黑的天气特别好，甚至还出了太阳（实际上慕尼黑真的很少会出太阳），姜苇想着自己到了慕尼黑这么久，还没有穿过汉服，就把衣柜里的汉服拿出来，给自己做了一个简单的发髻，打算和老公一起去公园里面拍照。

这次在公园里他们遇到了一个德国摄影师，这位德国摄影师觉得这衣服真的特别有意思，于是免费为她在公园拍了很多照片。后来这位摄影师问姜苇是不是日本人，感觉这个衣服很像日本的传统服装。姜苇听了以后心里很不是滋味，她和他解释说这个是中国的传统服装，只不过前些年比较落寞，现在已经有越来越多的人穿它了。德国摄影师表示理解，也表示这个衣服确实很好看。姜苇把成片发到了 Instagram（社交手机软件）上，很多语言班的同学都在夸赞她，觉得这个很好看。于是姜苇从同学们那边得到了鼓励，她觉得既然要做就要做到最好，于是她在网络上报了我的课程,想要学习汉服妆造，争取更专业。

"慕尼黑暂时没有汉服社团，有的时候一个人也会有一些孤独。我希望以后在自己努力的宣传下，能够组建一个慕尼黑的汉服社团，只希望一些喜欢汉服的人加入。""不过我也很害怕，害怕自己喜欢的东西会沦为抱团的工具。我希望汉服作为一个平台，能够让大家都不害怕地说出自己内心的喜欢，穿出自己喜欢的衣服。"姜苇说道。

姜苇在上我的课程时，我就猜测这个女生是不是学理科的，她交的作业版面总是最整齐，甚至连普通的作业都会做排版交上来。网络课程是没有专人监管的，上与不上全由得你自己。她是那一期唯一一个从头上到尾，一份作业都没有落下，每份作业都非常尽心尽力的人。我想也正是这分认真，使得她在工作上也好，兴趣培养上也好，没有做不成的吧。其实认真做一件事情真的是很重要，有些人会觉得自己没有出生在一线城市，非常可惜，觉得在二三线城市不一定会有出息。不过，我觉得人也是分一线二线跟三线的。虽然你在三线城市，但你是一线的人，你对事情的完成度和要求都非常地高，那是金子总会发光的，总有一天你会站在你应该站的位置。

姜苇的眉型图作业

她在悉尼开了一家古风体验馆

悉尼是我最熟悉的一个城市吧。在这边待了有近8年的时间，从初中开始一直到大学毕业，仿佛每每提到"悉尼"这两个字，就代表了我的整个青葱岁月。

当然，这次回来不是来旅游的，这次带来了自己的新书也带来了一个小小的挑战 —— 就是想在悉尼歌剧院前对一百位路人进行一次采访，当然是穿着汉服采访。

我认真考虑了这件事的可行性，我一个人是不太敢做这件事的，因为从小胆子就比较小，也没有太多的舞台表演经验，所以这一次是一定要找帮手来壮胆的。

这帮手是谁呢？她叫听月，她是悉尼听月小筑的创始人。我认识听月是因为她在知乎上有一篇帖子点赞高达了十几万，可以说是知乎红人吧。这个姑娘穿着汉服坐地铁，穿着汉服去上课，穿着汉服去上班，她还组织了几次"寻找悉尼汉服大使"的比赛，可以说是悉尼当地非常有名的组织者了。

当天早上我吃过早饭便早早地来到了她所在的街区，想要先参观一下她的听月小筑。当然我也不是空手来的，带了几本我的新书分享给她。

听月小筑是一家隐藏在一片艺术区里的小店，能在这样的异国他乡遇到一家宣传汉服文化的店，感觉很是奇特。听月本人看上去很小一只，甚至有点儿无法想象，这样瘦小的身躯怎么会藏有那么强大的干劲儿。也是因为骨架很瘦小，她长了一张非常上镜的脸，眼睛圆圆大大的，非常漂亮。和她交谈过后才知道，原来她是学媒体表演专业的，原本是一名演员，曾经出演过《屌丝留学记》，要知道这部片子在当时的留学生圈里颇有影响力呢。

听月小筑门口

听月小筑内部

问："那你为什么想做汉服呢，我觉得你这个地方可能根本不赚钱。"

答："因为喜欢呢。最早接触的时候是因为好看，小时候我们都有武侠梦嘛，就是在头上插筷子啊，披着床单想象自己是女侠，这些事情都干过呢。"想到小时候在身上披床单的样子，我顿时有些忍俊不禁，原来那个时候的我们都有这样的梦啊。（那个时期电视里播放最多的就是《射雕英雄传》，再到后来李若彤版的小龙女又是我们多少人梦里的白玫瑰啊。）

问："那你现在不盈利，是什么让你坚持做下去的呢？"

答："也不能说完全不盈利吧，我们有在做摄影啊，我未来是想把摄影这块儿做大然后发展到婚礼上，其实穿婚纱是拍婚纱照，穿中国的汉服也是拍婚纱照，为什么不尝试一下在异国他乡穿汉服呢，也可以很有意思啊。"

我莫名地觉得这样一位姑娘心里面大概不止有梦吧，还有一股冲劲儿，这样一股力量也许就是支撑她一直做着这件事的原因吧。

问："你本来是学表演的，为什么不坚持去做演员呢？做演员难道不会更好吗？"问完这个问题，我觉得自己有点儿傻，如果演员是一个很容易的职业，那么那么多转行的艺人究竟是为了什么呢？可能这种在流量中寻找生存空间的职业才是最高危的吧。

答："海外的影视圈并不好混，其实在任何一个圈子里都不好混。这个你应该也知道。"

当时我脑子并没有反应过来，但我后来细想了一下，其实人活在这个世上本就是一次行为艺术吧，或许可以说是该如何过好这一生。大家不都是说着坚持做自己，最后又被社会推到了那个表演者的身份里吗？或许我们每个人都是演员，我们每个人都在生活里扮演着不同的自己，我们以此表象来谋生，一代又一代重复着……

这两年，做kol（大众意见领袖，类似网红一类的意思）有机会上电视录节目，我接触到了很多流量网红，有一些网红他们在镜头前表现出来的跟他们自己真实的性格其实非常的不同，我很少有看到在镜头前和在镜头后是同一种性格的，包括我自己。照相机打开的时候，我会不自觉地进入一种自我表演的状态，不管是神态还是表情，还是我的表达方式都会变得不同，那是一种不自觉的表演形态吧，但我们能够说那不是自己吗？不，那就是自己。

今年录制节目的时候见到了非常有名的综艺主持人杨某和刘某，他们在节目上都非常逗，很豁地出去；但在后台，他们都是一脸倦意，不爱说话，再次面对镜头时，他们的活力便又被瞬间释放。

我去参观了一下听月的摄影工作室，非常多的汉服和头饰，还有一个不是很大的影棚，甚至可以说有些简陋，当然是和国内的那些大影棚相较而言。在悉尼这样一块寸土寸金的地方，可以有一个这么大的工作室已经非常不容易了。

后来我了解到听月之前也开过私家烘焙店，接触了汉服以后就把那些都放弃了，一心一意做汉服摄影和传统培训这块儿，我们接触汉服的初心都是因为喜欢，但真正能让我们坚持做下去的很大原因应该是迅速得到的那种认同感吧，毕竟没有人会拒绝一个热爱并宣传着传统文化的人的邀约。

我很高兴悉尼可以有这么一家宣传传统文化的店的存在，不管在异国他乡如何地孤单与委屈，始终有这么一块地方可以找到与你有同好之人，甚好。

采访街头路人

热情的路人为我们在悉尼大桥下拍的合影

听月与小思悉尼大桥下的合影

建筑工程师也有汉服梦

　　Chris 是我的第一个男学生，当时来找我学造型的时候我还觉得特别奇怪，怎么会有男孩子来学造型呢？后来简单聊了一下才知道，原来他在澳大利亚墨尔本平时也会拍汉服照，那边找不到汉服造型师，只得自己学了。

　　问："你什么时候接触的汉服呢？"

　　答："最早接触应该是 2000 年的《大明宫词》吧，我受这部剧影响很深，就觉得无论是林海的配乐还是叶锦添的服饰造型，再到舞美、台词和旁白，就像打开了一扇新的大门，让我开始喜欢上中国的传统文化和艺术。但是当时网络也不发达，更没有汉服组织和自媒体去宣传和科普，大家对汉服也没有什么概念，在现实生活中基本见不到汉服的影子，直到后来随着网络自媒体和电商的发展，在新闻上、网络上和大街上才慢慢出现了越来越多的汉服身影。我大学是在国内念的通信工程，出国才转行念的建筑工程，按照大家对工科男生的印象应该是不修边幅、万年格子衬衫的宅男，但是可能是大学加入摄影社团开始慢慢培养了一些视觉和色彩的美感，再加上从小受到《大明宫词》的影响而喜爱中国传统文化，所以在近些年政府和共青团中央大力倡导和支持汉服复兴一系列宣传和活动中，自然而然就成了一个汉服同袍了。"

　　问："为什么会喜欢汉服呀？"

　　答："'中国有礼仪之大，故称夏；有章服之美，谓之华。'

所以我觉得一个民族几千年的文化传承和精髓首先是体现在服饰上的。身在海外，常会和同袍伙伴们身着汉服去游玩拍照，经常会有外国人来问'你们是日本人吗？'，每一次我们都耐心地解释'我们是中国人，这些是中华汉民族的传统服饰'。经常被这样问起就会思考一个问题，为什么我们穿汉服会在外国人的眼里被当作日本人，我想是因为日本的和服和汉服相近而且和服在日本是全民日常化的，而我们的汉服在清朝以后就出现了长达 100 多年的文化断层，所以萌生了一个想法，就是利用业余时间在海外对汉服文化的推广尽自己的一分微薄之力，让更多身在海外的华人同胞能对我们中国的传统文化艺术有一个更加深刻的了解。"

问："为什么要来学习汉服造型呢？"

答："因为本身是一个摄影爱好者，所以想以汉服摄影的方式让更多人以一个最直观的视觉体验喜欢上汉服，已经陆续购入各个时期和各种形制汉服上百件，并且师从宇宙超级无敌大美人、大才女、国风妆造大佬 —— 顾小思老师学习国风妆造，以公益的形式为海外华人提供一个接触、了解传统文化和汉服的机会。"

问："你是一个建筑工程师，标准的工科男，怎么会喜欢这么文艺的东西呢？"

答："可能是我刻意要把生活和工作区别开吧！我觉得这个世界上只有极少数人能把自己的兴趣爱好当作谋生手段并且做成功，一旦你的兴趣爱好变成了一种商业的工作模式，就会有很多外界的因素去干扰你限制你，甚至可能不得不为了盈利去做一些你不喜欢的创作和改变，我担心这样久而久之会让人失去当初喜爱的那分感动和热情，这两年有一个很火的词儿频频出现在社交媒体网络上叫作"不忘初心"，为什么会引起大家的共鸣呢？可能是现代社会的现实生活让我们太容易忘却初心了吧。所以我觉得把你热爱的东西和赚钱谋生的工作分开还是挺好的一个选择。"

问："你怎么看待汉服未来的发展呢？"

答："我觉得任何事物的形成和产生都是一个社会或者文明在特定历史时期的需求，所以是必然的趋势，大家可能会为了各自的缘由或者目的去参与进来，但是也都直接或者间接地推动了汉服文化的前进。从 2018 年共青团中央把每年农历三月初三定为'中国华服日'，到每年的西塘汉服文化周，再到热播综艺节目《国风美少年》，无不看出从政府到组织以及个人，越来越多地加入到中华民族传统文化复兴的行列里来，这种对传统文化的热爱和尊重，能增强我们中华民族的团结力和凝聚力。"

Chris 是一位标准的汉服同袍。在海外，华人虽然少，但是在一定程度上反而更团结，我们需要更多这样的发起人，多一分努力，多一分尽心。

Chris 和他最喜欢的汉服

她是古方妆品复原第一人

很早之前在"二更"看过一个视频。有一位女生花了好几年时间去复原古代的妆品，当时我就觉得这个女生真的好有信念啊。古方妆品已经没有什么理论可依据，大半都要靠实际操作，也不知道要花费多少时间多少金钱才能复原。在这种情况下，她仍愿意将自己美好的青春时光奉献在此事上，并且是全职去做，那得需要多大的热爱，多么坚定的信念啊！

过了不久，我看到他们在招收学生去尝试古代妆品的制作，便毫不犹豫地去了，因为真的是太好奇了。到底用什么样的方法可以研制出古代的妆品呢？古代的妆品跟现代到底有什么不同呢？难道用了古代的妆品真的就可以出来和画儿上一样的效果吗？

课程是王一帆和李芽老师共同教授的，李芽老师讲解理论，王一帆老师带我们进行实际操作。这次主要复原的是澡豆。澡豆就是古代的一种清洁皮肤的用品，相当于我们现在的洗面奶加上沐浴乳，还能当泡澡球用。但是照着这个原材料的价值，应该是贵族用的，因为里面加了不少檀香。王一帆老师说这个是按照清宫的配方改的，慈禧最喜欢。

 古方妆品制作的原材料
 认真的课堂

制作澡豆需要将豆子不停地研磨成极细的粉末，再混合皂角水揉搓而成。一个人恐怕要做上一整天，我们一组8个人也做了3个多小时。揉成的澡豆还需要滚上玫瑰花粉，在支架上晾晒，储存3个月后再使用。用了3个多小时完成的澡豆颜值并不高，和现在高颜值的护肤品比起来真的是很一般，以至于带回家后一直不记得用它，一次无意中拿出来泡了一次澡，它的气味令我惊叹。

怎么形容这种味道呢？木质香一直就很高级，但是这种气味就让你觉得很高贵，不是普通的木质香，而是很沉静的木质香，不仅能缓解紧张的神经，且会使人心情愉悦。

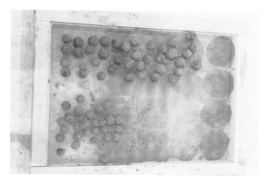

晾晒的澡豆

王一帆是 90 后，姥爷是位老中医，大概是从小就在中草药的味道中长大，她对古方妆品有着浓厚的兴趣，大学毕业以后她就来到上海，开始了妆品复原之路。这方面基本上是没有前者可以借鉴的，她全身心地投入到妆品的复原中。

研磨粉末时必须戴口罩

问："制作这些妆品成本也很高吧，是不是有些入不敷出啊？"

答："是啊，我现在开课也顶多是持平实验费用，一直都在贴钱做这块儿，但是怎么说呢，喜欢嘛，喜欢肯定是要付出代价的。"

王老师的爱人之前开玩笑地和我们说："家里面都是中药味，别的女孩子可能都是各种化妆品，我们家都是瓶瓶罐罐的中药；有的需要小火制作的产品，她每 3 个小时便要起来查看，比人家看孩子都辛苦。"

王一帆花费 3 年时间复原了 32 件古方妆品，在这件事情上，我相信不仅仅是喜欢这么简单，这分执念与匠人精神也是她的动力支撑吧。

复原完成的古风妆品

成品澡豆

学生与李芽、王一帆老师合影

他穿着汉服走遍中国
赢得了抖音百万粉丝

空谷君是个画家，或者严谨地说是国画从业者。他从小就学习国画，但一直是以临摹为主，我和他在杭州有过一面之缘，但并没有深入详谈。今年 3 月份他突然在"抖音"上火起来，是因为他在抖音上发了几组以汉服跟山水为主题的短视频。而他的视频风格非常奇特，人永远只有小小的一个背影，在无人机倒退的途中，可以看到波澜壮阔的景色。他到过中国的很多地方，他看这些地方的视角和我们看这些地方并不一样，他的视频总让我对这个世界有一种不一样的观感。很难得的，在抖音上看到的不是卖乖，不是卖萌，不是搞笑也不是耍帅，而是自有一种道法的风景视频。若要仔细说，却又说不出个所以然，只是每次看完以后就觉得胸中有千壑，原来祖国有这么多大好山河，这么多美妙的风景。在抖音爆火之后，这一整年空谷君似乎都在旅行，而他的旅行似乎与我的旅行并不太一样。开始的时候，我以为这一整年他是在做一个叫作"穿着汉服去旅行"的行为艺术，而当我跟他聊过之后才发现，原来并不是这样。

空谷君小时候画国画儿多半是待在画室里面临摹大师的作品，就这样画了二十几年，有一天他突然觉得心中很空，不知道应该画些什么，他仿佛遇到了一个前所未有的瓶颈，他再也画不出东西了。他在家里辗转反侧了几天，突然下定了决心，拎起一个背包，塞了几件衣服，带着无人机、手机和一套汉服，就这样出门了。而这一走就是整整一年。这一年，我看了太多个他穿着白衣汉服行走于大好江河的视频了。我一边羡慕，一边佩服他的勇气和胆量，一边又觉得如果要出走一年可真是一件劳累的事。我实在是个懦弱的人，我有仔细思考过，如果换成我，是否会愿意丢下一切，带着一套汉服，带着一个背包，就这样出走一年。答案当然是做不到（我是每次旅行都要带着两个大箱子的人）。一切从简的这样一种修行的生活，我实在是不敢想象，也因此我对他敬佩之至。我用了"敬佩"这个词儿并不是为了恭维他，反而觉得这一年来他一直过着一种苦行僧式的修行生活，为了更加详细地知道他究竟为什么要这么做，我和他通了一个非常长的电话。

原来，空谷君这一年以来是为了搜集画画的素材。他觉得自己不能再这么下去了，他必须要突破这个瓶颈。他希望有一天自己在画画的时候胸中有大好河山，有不同的山水地貌。于是，他决定出门写生。因为每个山头都有不同的地理面貌，每个山头的树也都长得不同，如果要把它们都画下来，那最好是亲自到这个地方去看看；而带无人机的目的也很简单——因为有些地方肉眼是看不到的，在这样的情况下，无人机就可以帮我们的忙了。空谷君说，他视频的主题主要是为了体现古人的画意，所有的构图、所有的想法都是从国画里面得来的。通过无人机的协助，他可以看到非常雄伟壮观的景色，而这个时候人只是这景色中小小的一点，仿若蜉蝣之于众生。若是没有无人机的帮助，恐怕我们也"只缘身在此山中，云深不知处"了。空谷君这么和我说完之后，我才豁然开朗，怪不得我觉得他的视频不太一样却又有些眼熟。

空谷君和他的白马

我问他这一年以来有没有遇到什么特别的事，特别的人。当时我觉得这一年的时间一定有特别多的事情想说吧。然而，空谷君却告诉我他每次都是避着人群走的。可为什么要这么做呢？这使我非常好奇，出去不是应该接触更多的人和更多的人聊天，从每个人身上学习吗？

　　"为了拍出更好的视频呀，因为我穿的是汉服，视频里面是不能出现现代人的，我要避开他们，需要早出晚归。早上三四点就起床，去看日出，这个时候游客还没来；晚上太阳快下山的时候再去拍夕阳，这个时候游客已经走了，而平时他们游玩的时间我就在旅馆里休息，只有这样我才能拍出跟一般人看到的不一样的景色。而这一年我也极少与人接触跟交流，接触的最多的大概都是道长吧，可能是因为我的理念与道教的一些理念比较相同吧。武当山我今年已经去了两次了，每次下雪的时候就会去，虽然很冷，但是我觉得这是一种修行。"

　　"那这一整年,你有什么经济来源吗？成为抖音红人以后，你的收入比以前更可观吗？"

　　"以前我是计划用自己的储蓄来支付这一整年的开支。意外走红以后，有一些景区会请我过去拍摄，可能他们比较喜欢我视频的风格吧，所以他们希望借助我来宣传他们的景区。有些景区真的是风景非常好，只是地处比较偏僻,知道的人比较少。这些景区会支付一定的费用给我，这一年来我基本上处于一个收支平衡的状态吧，这对我来说已经是个意外的惊喜了。原本，只是想要搜集画画素材来着。"

　　"你为什么只拍背影呢？"

空谷君在
冬天登上了峨
眉金顶

空谷君与千年银杏

"嗯，有3个原因吧。第一是因为游山玩水没有想象得那么轻松美好。可以说是很狼狈，经常爬的气喘吁吁、汗流浃背，遇到好的风景也根本没有时间去整理妆容，所以拍背影的话可以省去很多麻烦。第二是因为我想拍出来有意境一些，国画儿山水嘛，人物只是画面的一个点缀，拍个背影呢，可以给别人留下更多遐想的空间。既然这样的话，那就拍背影好了。没想到很多人都有猎奇的心态，他们很好奇你长得是什么样儿？也许就是这个原因，使我在抖音走红了吧。第三个呢，就是不想太多人认识我，这样游山玩水，可以自由、方便很多，不会引起别人的关注。我就是喜欢自己一个人默默地去关注这片山水，并不想有额外的麻烦。"

恐怕这就是"无心插柳柳成荫"吧。我之前想把空谷君这一年以来穿着汉服去旅行的事情称为一个行为艺术，可是他并不这么认为。他觉得只是他喜欢的一种修行方式罢了，很多东西没有必要看得太重。现在，当他心绪不宁的时候，他就会去武当山，跟道长学打太极。我相信，这样的空谷君日后一定会画出自己满意的画作，现在美术学院的学生基本上都是待在学校里面，除了画室还是画室；就算是写生，也只是找个景区随意地画画，这样得到的画作怎么会有灵气呢？我认为灵气这种东西真的是可遇不可求的，或许一个人一辈子都遇不到一次让自己灵光乍现的机会。而所有的素材搜集，也许只是为了那灵光一现而做的储备。对于每个美术生，我并不是建议你去过一年的苦行僧式的生活，但是空谷君这样搜集素材的方式着实有趣，也许你也可以试试呢。

空谷君漓江泛舟

空谷君行走于漓江

穿着汉服的制壶人

　　阿楚是个制壶人。她从 16 岁开始就学习制作紫砂壶，今年她 28 岁，已经是国家级的助理工艺师了。她是我见过的最有江南女子特质的女生了。阿楚结婚比较早，所以早早地就有了一个女儿。她没大我几岁，可是她的女儿却比我们的年龄差还要大。每次看到她与她女儿的合照，两个人都是那么青春靓丽，像姐妹一般，我心里会有一种焦虑感，不知道自己以后和自己女儿的合影，会不会显得年龄相差很大。

阿楚与她的女儿

阿楚有一头乌黑亮丽的长发，又黑又顺滑，以至于我第一次找她做造型的时候因为头发过于顺滑而扎不起来，几次都脱手了。长发飘飘、浓眉大眼，穿衣总是素色系，一袭长裙在夏日里让人感到格外舒爽。我想这就是大多数人口中江南女子的模样吧。第一次见阿楚就是因为那场汉服秀，阿楚认识汉服可比我早，那一次的汉服秀她也带来了一些她的私藏服装，甚至有6000多一套的花罗褙子，当时还是汉服小白的我，对她的收藏简直崇拜之至，大喊着阿楚是"土豪"。

阿楚正在进行茶道表演

　　阿楚最早接触汉服是因为秦亚文，秦亚文是一个奇女子，也是汉服圈内的大神。她在苏州大学上学的时候，整整4年每天都穿汉服，因为这件事而被媒体争相报道，也因此成了大家眼中的"网红"。但她真的是一个不追名逐利的女孩子。在苏州开了一间颇为雅致的小馆，卖画儿卖香，也卖她亲手制作的衣服。阿楚与她以茶会友，一拍即合地成了好友，也因此而接触到了汉服。可以想象这两位气质清丽的女子的会面，估计就是"何当共剪西窗烛，共话巴山夜雨时"了吧。阿楚作为娴静恬雅的江南女子自然是对汉服另眼相看的，而阿楚身形瘦长又长发飘飘，穿得更是雅致好看，因此她购入了不少汉服，和她的制壶工作很是搭配。

制壶的阿楚

　　制壶人喜欢安静。恐怕所有的手艺人都是这样的，要学一门手艺首先要做的就是能够一整天十多个小时坐在板凳上不动，当然这仅仅是基础。紫砂壶泥料金贵，制作过程中全程都要控制温度跟湿度，因此夏天不能开风扇，冬天不能开空调。就是在一种修行的状态下去完成一款茶壶的制作。紫砂壶的制作流程并不简单，需要十足的耐心。单单是打生坯这个步骤，一位手艺娴熟的匠人也需要一整天才能完成。16岁的阿楚，就这样日复一日地制壶，日复一日地学习，一直到现在。"我小的时候家里比较穷，因此我早早地就放弃了学业,出来学习手艺赚钱。我想手艺人总不会饿死的。也是因为制壶可以过得比较舒适吧，现在我养得起我的家人了。"阿楚说道。

  我和阿楚有过很多次接触，只觉得她每次都是轻轻柔柔地说话，似乎永远也不会发脾气。我想，正是这么多年的制壶经历，培养了她十足的耐心。她告诉我家里最穷的时候连饭都吃不饱。"当时我还小，只觉得生活怎么这么艰难。我很喜欢读书，可是实在是没有能力念下去了。人生并不一定是在你遇到一个低潮以后，就会遇到一个反转的高潮，那好像是小说里的情节。既然已经穷途末路了，也就无所畏惧了。你就会觉得好像也还好，生活也能过下去。""我是吃过苦头的，我希望我的女儿可以健康快乐地成长，我现在有能力负担她的一切，我已经觉得很幸运了。"

  荷兰哲学家伊拉斯谟在《愚人颂》中假设了一个经典的哲学境况：人生如戏，人人都在扮演着一定角色，有人没有意识到自己在演戏，于是把戏演完了。而另一种人，发现生活原来是一出戏，就努力地离开舞台。第二种人错了，因为剧院以外，什么也没有，没有另一类生活在等着你。这场戏是唯一的演出。

可我觉得他错了。努力离开舞台是很难但并非完全不可能，从昔日的苦难中找到反抗的勇气才会换来幸福的结局。

阿楚的汉服照

185

服装厂老板的汉服梦

　　小虎是一家服装厂的老板，几个月以前他通过一位友人找到我，说希望跟我一起合作经营品牌汉服。小虎说他们有非常好的工厂资源，也有非常好的粉丝基础和推广渠道。但那个时候正值我离职交接期，且我已经不准备做自己的汉服品牌了，决定把时间全部用在课程的研发以及以后的工作上了。所以当他跟我提出这个建议的时候，我只希望他帮我清理库存。我很直白地和他说了我的想法。

　　小虎他们有一家国风美妆店，刚好主推的对象是学生，他想要做一个现在正当红的国风品牌一点儿也不奇怪。两天以后，小虎提出要看货并希望和我谈谈。那个时期刚好是我决定要去杭州工作准备搬家的时候，确实也是非常忙，我和他说我当天在上海出差，晚上大概 11 点多到家，如果他愿意的话可以 11 点以后过来挑一下款式。小虎说不管多晚都可以过来。

　　当天正好赶上江苏降温，从上海回来已经凌晨一点多了，而小虎已经在我的工作室门口等了整整一个半小时。我见他如此诚心，加之心里非常过意不去，毕竟已经这么晚了。快速地和小虎介绍完工作室里的款式之后，拿了一大包新款让他带回去测款。

　　我给他倒了杯茶，这时小虎打开了话匣子。小虎说希望我能够成为他们国风品牌中的一员，我很直截了当地跟他说我没有这么多时间去做一个品牌，也不太愿意再投入金钱去做一个品牌，因为已经失败了两三次，也耗费了很多的金钱，我实在没有勇气在摔倒了那么多次的坑里再摔一次。小虎和我说，他并不仅仅是想赚钱，他更希望做一个传统文化的传播者。这倒是让我很吃惊，我以为已经成为一个商人的人，其实内心已经没有什么理想了。他和我讲述了他的工作经历，它其实是南京航天大学电子计算机专业毕业的，他的专业领域真是大数据方面的，我算了一下年份，他毕业的时候恐怕正好是大数据最为红火的时候。在时间上、理论上而言，他赶上了这波热潮，但他却没有找这方面的工作，他和我说他后来去做了通信行业的讲师。但完成目标之后，他又不想做了，于是他去开了一家服装厂，这家服装厂也开得很成功，可是他又不想做了。他现在想做的就是文化类的东西，宣传传统文化。

"那你想做什么呢？有没有哪些具体设想呢？"我问道。

"我想每个礼拜都做一两个小时的短片，让大家空闲的时候可以去看。可以是宣传文化知识，也可以是剧情向的古装小短片。"他兴奋地跟我讲述着他的想法。

"如果是这样的话，你们那边去找谁呢？你是想做搞笑的还是严肃的呢？"

"我想做搞笑的，让大家下班回家之后躺在沙发上看，然后心里面会很高兴。"

"万合天宜那种吗？"

"类似吧，但是我更希望是跟文化跟汉服有关的。"

说真的，我听到这个想法第一感觉就是"不行"。因为在这个圈子里看到太多想做这方面内容的机构了，大多数都没有成功。并不是没有资金支持，也不是没有人员参与，但就都做不起来。

"你有没有想过如果要这样做的话，你需要非常强大的团队去储备大量的资源,储备大量的剧本,需要有一个长期的规划。我觉得这个不是很靠谱,我不建议你做。"我毫不犹豫地泼了他一盆冷水。

"资金设备包括直播号,这些都不需要你去操心,我只是希望你能够作为编剧去准备关于汉服的内容。"他恳求地看着我,"你不觉得这是一件很有意义的事情吗?让更多的人知道,让更多的人喜欢。"

"抱歉,我不能答应你。虽然我真的可以随口答应你而不去做,但我不是那样的人,我做不到的事情我就不想去答应。我现在的时间非常紧,确实没有多余的时间义务去做这种事,我也希望我可以,其实前两年我一直都在这么做,可是,我发现效果并没有特别好,结果也是寥寥。也许你做这个短剧的最终目的还是为了去售卖你的产品,但是这与我而言又有什么好处呢?"我依旧是一口否定,其实前几年,我确实有过汉服短剧研发这样的想法。当时那个剧叫作《阙阁一梦》,因为找的妹子们颜值都很高,当时还引起了一阵小轰动。不过最终因主创不和而寥寥地结束了这个短剧的拍摄。之后的一年里,我遇到了非常多所谓的要宣传民族传统文化的团队或个人,以做公益的形式邀请我,却让我去做很多杂事。在这件事情上,我吃了不少亏,花了很多自己的时间去做一些毫无意义的事情。若是小虎在一年前认识我的话,我会非常乐意去帮助他,可能不会成功,但我会享受创作的乐趣。但在一年以后的今天,在我遭遇了这么多糟心事后终于下定决心转换工作中心的时候,我真的无法答应他的请求。我经历了自媒体两年多浮萍般的生活后,唯一学会的一个道理就是 —— 脚踏实地以后再去做梦。如果你真心真意地想去做一些事情,那先从身边的小事做起,从周边的小事做起,而后便是等待时机,抓住时机。没有必要一定要全身心地投入到一个所谓的社团里，也许错综复杂的人际关系会让你身心俱疲。如果我们没有特别高的情商去维系周边复杂的人际关系，而又真的想要去做一个文化的传播者，那就先做力所能及的事吧。

我直截了当的拒绝让小虎有些下不来台，但我是为了他好，如果我草草地答应了他，最终却没有好好做这件事情的话，那我浪费的是大家的时间。兴许是看我态度坚决，这件事情没有什么转机，小虎坐了一会儿就走了。

我开始思考，像小虎这样的个性，每次做成一件事情就不愿意再做下去了，要去换一个新的挑战，这样的人生是不是有特别多精彩的风景是我们没有看到过的。也许那就是所谓天才的世界，想做什么都可以做成。我若想做一件事情，就算是付出120%的努力也未必会达成，比如说这个失败的汉服品牌，又比如说这个失败的短剧创作。

或许，你在一件事情上摔了很多次跤以后，你还选择义无反顾地摔下去，最终如爱迪生发明灯泡，爱因斯坦发现相对论。但如果你没有那么幸运地成为爱迪生或者爱因斯坦，如果你发现自己不合适，及时停止是最为有效而理性的方式。这只是我自己的些许感悟，分享给你，也希望你在了解自己之后可以做出对自己最好的选择。

小虎最终还是在淘宝直播上开始了自己的短剧制作以及播放，万事开头难，希望他的坚持会为他带来再一次的成功。

后 记

　　写这篇后记的时候我一直在思考一个问题 —— 人为什么要隐藏自己的过去呢？为了完成这本书，我主动去接触了很多人，向他们咨询，想知道他们的心路历程，有些人非常坦然地面对自己的过去，而有些人却是在隐藏自己的过去。这不禁让我想到，这不就像微信的朋友圈一样吗？有些人的朋友圈仅显示 3 天的内容，有些人的朋友圈显示半年的内容，大多数人都是选择半年的，我自己也是。于是，在写这篇后记的时候，我开放了我所有的内容。我饶有兴致地用妈妈的手机看了我朋友圈里的所有内容，其实从 2013 年开始到现在，没有什么过去是不可以面对的，不正是过去的你以及叠加在你身上的种种事件，成就了现在的你吗？这有什么不愿意面对的呢？当我看我自己朋友圈的时候，我能看到我每一年的成长，我能看到我之前的幼稚，但往往也是这种幼稚伴随着纯真的探索世界的好奇心，而现在，随着年龄的增长，我能感受到这种好奇心的消退。我感受到了那种恐惧、那种焦虑，有点儿类似于人到中年的焦虑，虽然我还没有到那个年纪。但我正处在这么一个我不知道未来要做什么的时期，而只是一边做着一边经历着，一边寻找着。或许很多人和我一样不知道自己未来要做什么，如果你要问我的话，我给你的建议是先踏出一步，然后去感受、去经历、去碰撞，去摔倒再站起来，接着去接触一切的人和事物，要接受自己的过去，也许你就会找到方向了。

人生路很长，除了这条路的尽头我们没有其他的终点，除了老在途中也没有什么其他的选择。所以，我们仅剩的能够决定的事情 —— 就是在这段旅程中是走还是停，是快还是慢。长久以来，我最羡慕的就是这条路上的慢行者，他们在某种程度上掌控着自己生命旅程的速度。我属于在优胜劣汰的社会体系中成长的一代，可能在看这本书的你们也是。

　　回顾我与汉服相处这几年，我经历了人生一个非常重大的转折和成长。在国外的那几年我并没有养成特别良好的生活习惯，也没有找到让自己心智成熟的方式，因此刚回国的时候我是很被动的，甚至有一些不爱与人交往。而因为汉服，我找到了自己喜欢的点并努力为它付出，有过成功，也有过失败。人生不就是兜兜转转这几十年吗？至少这几年我做的事情并没有什么让我后悔的。对我爸妈那个年代的人来说，有房子、车子，让子女受最好的教育，就是一件很幸福的事了。他们常常说我们这一代是衔着金汤匙出生的，过的是最好的日子。